哈尔滨理工大学制造科学与技术系列专著

插铣加工技术及其应用

翟元盛 王 宇 王 波 著

科学出版社

北 京

内 容 简 介

冲击式水轮机转轮水斗的整体式加工具有很好的发展前景。本书根据转轮水斗的结构特征和加工质量要求,研究了插铣加工技术在水斗加工中的应用。主要内容包括插铣刀具及刀柄设计、插铣加工过程力学模型、插铣加工过程动力学模型、插铣加工稳定性研究和分析、考虑刀具偏心时插铣的稳定性、插铣加工水斗过程的仿真和数控加工技术,以及提高插铣效率的方法。

本书可供从事机械加工和插铣加工技术研究的科技人员使用和参考,也可作为高等院校机械制造相关专业师生的参考用书。

图书在版编目（CIP）数据

插铣加工技术及其应用 / 翟元盛,王宇,王波著. —北京:科学出版社,2018.8

（哈尔滨理工大学制造科学与技术系列专著）

ISBN 978-7-03-056625-6

Ⅰ. ①插… Ⅱ. ①翟… ②王… ③王… Ⅲ. ①转轮-水斗式水轮机-加工 Ⅳ. ①TK735

中国版本图书馆 CIP 数据核字（2018）第 035292 号

责任编辑:裴 育 赵晓廷 / 责任校对:张小霞
责任印制:吴兆东 / 封面设计:蓝 正

科 学 出 版 社 出版
北京东黄城根北街 16 号
邮政编码:100717
http://www.sciencep.com

北京厚诚则铭印刷科技有限公司 印刷

科学出版社发行 各地新华书店经销

*

2018 年 8 月第 一 版 开本:720 × 1000 B5
2022 年 1 月第二次印刷 印张:10 1/2
字数:212 000

定价:80.00 元

（如有印装质量问题,我社负责调换）

前　　言

随着经济的高速增长，在电力需求的拉动下，水轮机制造行业进入快速发展时期。水轮机是充分利用清洁可再生能源实现节能减排、减少环境污染的重要设备。我国水轮机的发展，无论在整体结构设计、数控加工制造方面，还是在转轮实体的性能方面，同发达国家相比都存在一定的差距。因此，需要通过采用先进的加工工艺、新型的转轮制造方案以及性能优质的数控加工设备，来促进我国水轮机制造领域的发展。

插铣作为一种高效铣削加工方式，在制造行业中正在逐步扩大应用。插铣加工技术可以快速去除零件表面的加工余量，并且可用于特殊难加工材料和复杂曲面较多的零部件的加工，尤其在航空航天等领域得到了广泛的应用。国外一些企业在转轮水斗加工方面已经完成了由分体式到整体式加工方式的转变。针对转轮水斗整体数控加工技术，创建属于我国特有自主知识产权的加工工艺核心技术，能够有效促进企业、社会的经济效益和技术水平的提高以及我国水电工业的进一步发展。

本书共8章，第1章介绍插铣加工的基本原理和关键技术的研究现状；第2章介绍插铣刀具及刀柄的设计、刀具参数化建模和刀具的模态分析；第3章对插铣加工过程进行力学分析，建立插铣瞬时铣削力模型，并进行仿真和模型验证，通过铣削力模型更深入地研究切削机理，为动力学模型、动态加工误差等提供理论支持；第4章建立插铣加工过程动力学模型，在插铣过程中当某些切削条件导致加工系统振动剧烈时，静态铣削力建模和仿真很难准确地反映铣削状态，因此有必要研究插铣加工系统的动态特性；第5章根据再生颤振理论，应用半离散时域法对插铣稳定性进行预测；第6章对刀具偏心时插铣加工过程误差进行分析，研究主轴转速、径向切削深度、刀齿数对表面位置误差的影响规律；第7章结合转轮水斗的数控加工，研究转轮水斗的建模、数控编程及加工工艺；第8章介绍插铣加工中铣削参数的优选以提高铣削效率。

本书由哈尔滨理工大学机械动力工程学院翟元盛、王宇和哈尔滨电机厂有限责任公司王波撰写。本书的研究工作得到国家自然科学基金"狭长勺型结构件高效插铣加工稳定性预测与刀具设计"(51375127)、黑龙江省自然科学基金"水轮机转轮高效插铣加工稳定性的研究"(E201439)和"插铣加工时刀具几何结构参数与铣削性能关系的研究"(E2015060)的资助。马殿林、王宝涛、康学洋、高海宁、宋宏李、郑登辉等研究生在项目研究过程中做了大量工作,在此表示感谢。本书出版过程中参考了大量国内外文献,在此向原文献作者表示感谢。

　　鉴于插铣加工技术涉及知识面宽,以及作者学识限制,书中难免存在不妥之处,敬请读者批评指正。

目　录

第1章　插铣加工基本原理及其研究现状

1.1　插铣加工的基本原理

当今时代，加工制造技术在航空航天、水电能源、模具制造等行业中占有重要地位，也直接反映出我国的加工制造水平，其中飞机发动机使用的整体叶轮(图 1-1)、水力发电中冲击式水轮机的水斗(图 1-2)等零件具有构造复杂、材料去除量大、表面质量要求高等特点。目前，新型材料(如钛合金等难切削材料)的发明和使用，带来了加工困难和加工效率降低等问题。这些难加工材料的产品往往采用整体结构(如水轮机水斗)，虽然可使零件的数量大大减少，工件重量明显降低，并且无须连接而使结构更加稳定，使用寿命和安全性能都显著提高，但也会导致加工效率进一步降低。以往普遍应用的立铣、球头刀铣削工艺已跟不上生产周期的需要，高效稳定的工艺研究已刻不容缓。插铣作为一种新兴的高效加工方法，在我国加工制造业中占有重要地位，尤其被航空航天、水电能源以及模具制造等行业所认可和广泛应用。

图 1-1　整体叶轮　　　　　　　　　　图 1-2　水轮机水斗

插铣加工的原理是插铣刀具沿机床主轴做进给运动，其底刃通过旋转切除工件材料，该切削方式类似于钻削和铣削的综合作用。插铣轴向进给的特点使得刀具受到的径向力较小，刀具振动较小，切削过程较稳定。插铣作为一种新型的加工工艺，广泛地应用于金属加工领域，并且其优点也在实际生产中得到证明。相比于普通铣削工艺，采用插铣工艺可以提高两倍以上的生产效率；对于加工难切削材料的曲面、大型异构件、整体叶轮叶盘、开槽以及对刀具悬伸量要求较高的加工环境，插铣工艺的材料去除率远高于普通铣削工艺，且具有工件变形小、刀具所受径向力小、悬伸量可以较大等优势。

　　　插铣加工是刀具沿着 Z 轴做进给运动，利用切削刃同时进行钻铣切削，能在 Z 方向短时间内去除大量金属，并且在一次进给结束后，再沿着径向移动一定步距，以便下一次插铣时去除大量金属。插铣加工中每齿去除材料的几何形状由多种因素共同影响，其中最主要的决定因素是刀具的切削角度以及进给速度与切削速度的比值。

1.2　插铣加工关键技术的研究现状

1.2.1　插铣刀具的研究现状

　　　目前，有许多厂商致力于插铣刀具的开发设计研究，特别是山高(SECO)、英格索尔、伊斯卡等各大刀具生产商纷纷推出了自己的刀具产品。这些厂商有比较成熟的插铣刀具设计开发系统，并以插铣切削理论和生产实践为基础，通过对刀具的参数化设计，能够在短时间内开发出高性能的插铣刀具。例如，图 1-3 所示的山高公司开发的型号为 R217/220.79-12A 的用于粗加工的插铣刀具，其推荐每齿进给量为 0.10～0.25mm/z，最大径向切削深度为 11mm，适合加工所有工件材料，切削速度可达 1000m/min。伊斯卡公司 2010 年秋季开发的 TANG PLUNGE 蝴蝶插铣刀具，型号为 HTP LNHT 0604，直径范围分别有 16mm、20mm、25mm，

图 1-3　SECO 插铣刀具

其中 16mm 规格立装夹持刀片，用于铣刀顶端。刀槽具有高耐用性，切削表现出色。插铣刀具带有内冷却孔，可有效冷却切削区域，有助于排屑。

国内刀具厂商对插铣刀具开发技术的研究起步相对较晚，虽然对插铣机理有一定的研究，但很难形成具有说服力的插铣刀具产品，并且一般设计的插铣刀具主要由经验进行定性设计，缺乏理论和参数设计，这样研发时间比较长，直接导致其生产刀具的切削性能、加工质量、刀具寿命和经济性满足不了市场的需要。

插铣最初由国外专家提出，人们发现这种加工方式可以快速去除金属，随之插铣刀具也越来越受到国内外研究人员的重视，但是其刀具结构设计、切削参数优化等工作依然有诸多问题，目前插铣刀具技术研究主要存在以下问题。

(1) 整体大环境下，国内外研发的插铣刀具相对其他铣削刀具还是偏少，而且种类单一，随着插铣在切削加工领域的日趋普及，插铣刀具已经远远满足不了当前客户的需要，并且没有针对某些特定工件材料进行特殊设计。

(2) 刀具厂商在刀具设计时，大多没有采取参数化设计，没有建立刀具数据库系统，这样不便于管理，浪费人力物力，效率低下，设计周期长。建立刀具数据库系统是刀具厂商数据信息化的基本要求，也是其扩大发展的必由之路。

(3) 对刀具结构本身的基本原理研究较少，在某些特定插铣环境下，刀具结构参数的改变对切削性能的影响需要进一步研究。

(4) 在插铣过程中，如何控制切削力和切削温度来减少刀具磨损，确定较好的工艺参数仍然很难实现。

(5) 在插铣悬伸量很大的场合，对刀具本身的材料有一定的刚性要求，在插铣过程中，扭矩不能忽略，它能产生一定的偏移，发生颤振现象。颤振的危害在于破坏被加工零件的表面质量，使刀具磨损严重，甚至严重时无法切削。

1.2.2　插铣力学的研究现状

插铣加工技术具有效率高、可以快速去除零件表面大余量的优点，并且可用于特殊难加工材料和复杂曲面较多的零部件的加工，在许多领域的加工中，尤其是航空航天等领域得到了广泛应用。

图 1-4 和图 1-5 分别为整体叶盘与水轮机水斗的插铣加工实例。插铣作为一种新提出的高效铣削加工方式，正在制造行业中逐步扩大应用，并且在实践加工中也体现出其独特的优势，但插铣加工技术的局限在于其提出的时间相对较短，对其切削加工机理等方面的研究还不够完善。目前对插铣加工技术的研究工作主要体现在插铣的工艺优化和插铣动力学研究两个方面。

图 1-4　整体叶盘插铣加工　　　　　　　图 1-5　水轮机水斗插铣加工

　　在插铣铣削机理方面，国内外很多学者都针对插铣力学特性进行了相关的研究。Wakaoka 等以刀具几何参数和运动特性为出发点，针对工件外壁进行了断续插铣的研究；Li 等在不考虑加工系统的运动结构前提下，探寻针对复杂曲面的插铣加工方法，且实现了插铣铣削力的预测；Ko 等假设插铣加工为柔性或刚性系统，分别对两种工件系统进行研究，分析了加工过程中插铣力和插铣振动。任军学、韩雄等通过对 TC11 钛合金插铣加工参数的优化，经过试验研究，建立了插铣加工中切削力及其温度的经验公式。崔立强等通过分析铣削参数对插铣加工过程中铣削力的影响，完成了对插铣铣削力的预测；杨振朝通过试验分析了插铣加工过程中铣削力对铣削参数的绝对灵敏度和相对灵敏度，综合得出铣削参数对铣削力的影响规律。天津大学秦旭达研究了钛合金插铣加工过程中的动力学情况，建立了针对钛合金材料插铣加工的铣削力模型，并在此基础之上，进行了温度场和插铣刀具磨损机理等方面的研究。刘献礼等针对高速插铣加工过程，综合考虑了高温和高应力相互之间的耦合作用，进行了插铣加工过程的有限元仿真分析，得出铣削力、温度以及变形区域应力应变的整体分布情况。

1.2.3　铣削稳定性边界判别算法的研究现状

　　颤振的概念在 1907 年被 Taylor 提出，一百多年来一直受到各国学者的重视。Hahn 在 1954 年提出了再生颤振的理论，提出了两次走刀产生的振纹因相位角不同而引起切削力不同，进而引发再生颤振。

　　切削稳定域的判别方法是在 Merchant 首次对切削过程深入研究后才逐步发展起来的。时域数值法是应用最早的切削稳定域判别方法，大部分时域分析模型可以用来解决确定切削过程的稳定边界性问题。Tlusty 通过考虑刀具-工件之间的非线性关系，建立了相应的时域模型并得到了时域稳定性叶瓣图。Smith 和 Tiust 通过时域仿真阐述了常数峰值(peak-to-peak)力存在的动态切削的限制。Davies 等运用一种离散映射法,得到小径向切削深度时的倍周期分岔。Campomanes 和 Altintas 提出了一种新的判断是否颤振的方法,该方法是比较动态切削厚度和最大静态切削厚度的比值与设定的某一个值之间的大小。李忠群和刘强建立了铣削切削稳定性的时域仿真,该时域仿真运用了 Runge-Kutta 法。Ko 等运用时域分析方法对插铣过程进行了分析,对插铣过程中的动力学以及稳定性进行了研究,并且通过两个点进行了验证,说明了时域模型的准确性。Altintas 等分析了插铣过程中的动力学和稳定性,基于插铣过程中的时域仿真模型,充分考虑刀具的切削误差和时间变量参数对切削过程的影响,预测了切削过程中切削力、扭矩、振动,并且建立颤振稳定性图。Ahmed Dam 分别考虑工件是刚性件和柔性件,建立在两种情况下插铣的时域仿真模型,有效地预测了插铣过程中的切削力、扭矩、系统振动等。数值方法能够综合考虑影响切削过程中的线性因素和非线性因素,所以一般获得的计算精度较高,但是相应的计算量很大且不能很好地说明各个参数之间的关系。

Altintas 等在 Minis 研究基础上建立了预测切削稳定域的频域法,该方法能够利用傅里叶法快速分析切削力系数的周期性,周期系数取零阶(平均值)的方法为零阶系数平均法(ZOA 法),周期系数取多阶的方法为多频域法,他们对两种方法进行了对比分析。颤振稳定性解析算法——ZOA 法是迄今为止最为快捷、有效且应用最为广泛的颤振稳定性求解方法,但该方法也存在显著的不足之处,其无法对小径向切削深度下的附加稳定区域进行预测,随着切削厚度/刀具直径的减小,稳定性预测会在局部出现较大的偏差。产生这种现象的原因是:该算法在计算动态切削系数时,在刀齿周期中没有考虑高阶项的影响而进行了零阶平均;而在小径向切削深度时,高阶项对切削系数的影响非常大,因为这种径向切削深度通常情况下被看成周期脉冲的激励,这样就使得小径向切削深度要比较大切削深度的稳定性求法复杂得多,并且也无法对双周期进行预测。

数值法考虑的因素多(线性非线性因素)、计算较大,所以效率比较低,Bayly 等在 Davies 等研究的基础上,利用时间有限元的方式,建立了半解析方法。该方法是将切入段进行离散化处理,这样做能够相当准确地预测在小径向切削深度时的稳定性边界,但是该方法实用性不强且计算效率较低。

2002 年,Insperger 等提出了较为严谨的半离散法。由于首次提出的半离散法(SDM)存在局限性,所以在 2004 年 Insperger 等对该方法进行了改进,并提供了相应的计算程序。半离散法在计算时较为严谨,因此得到了广泛的应用,并且被多次进行了改进。但是,半离散法并不是适用于任何场合,依然具有局限性,根本原因是考虑时滞的微分动力学方程,在求解时不能得到真正意义上的解。半离散法通过离散时滞项和系数项,运用离散化的常微分方程来近似代替原来的方程且保证所得的误差具有收敛性。在半离散法中，计算精度与离散数呈正比关系，而计算效率正好相反，并且计算效率也与网格划分密度有关呈反比关系。近几年，丁汉等突破了微分方程差分的思想，提出了计算稳定域的新方法——全离散法，这种方法相对于 SDM 在计算效率以及精度上有了相应的提高。

1.2.4　刀路轨迹规划的研究现状

在插铣的工艺优化方面，郭连水等针对插铣的加工特征以及涡轮叶盘的难加工性质，提出用插铣加工方法对其进行开粗加工，有效减小了零件的加工变形，提高了零件加工质量。任军学等对 TC11 钛合金进行插铣工艺参数的优化，通过试验分析得出了工艺参数对铣削力和切削温度的影响规律，并且对插铣加工整体叶轮的走刀路线进行了优化研究。孙晶等对复杂曲面插铣技术进行研究，综合提出了一种新型走刀路线的生成算法，成功地研究出如何生成无干涉的走刀路线，实现了复杂曲面高效率开粗加工。梁全等研究了直纹面叶轮叶片五坐标数控插铣加工技术，自主开发了整体叶轮五坐标插铣加工专用计算机辅助制造软件，并对该软件生成的刀具轨迹进行了仿真和实际加工验证。

规划刀具运动轨迹是数控加工的基础和关键，刀路轨迹的好坏直接影响工件的加工效率。据统计，有 20%～30%的数控加工时间是浪费在重复走刀上，这些都是由刀路轨迹规划不合理造成的。近年来，国内外学者对刀路轨迹做了大量研究，主要方法有等参数线法、截面线法、多面体法、等残留高度法，如图 1-6 所示。

等参数线法是固定一个参数，然后规律地变化另一个参数来规划刀路轨迹，坐标系间对应关系的非线性，导致了刀路轨迹生成不均匀，比较适用于加工参数线变化均匀的曲面。对于组合的复杂曲面，等参数线法往往效率不高，质量不好，因此很难生成符合曲面精度要求的刀路轨迹。

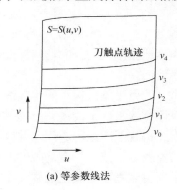

(a) 等参数线法

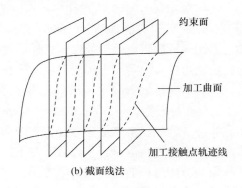

(b) 截面线法

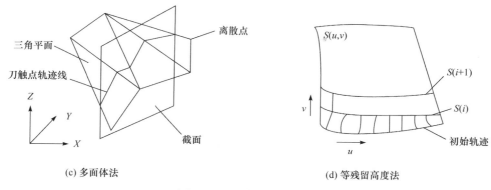

(c) 多面体法　　　　　　　　　　　　(d) 等残留高度法

图 1-6　刀具轨迹规划方法

截面线法是采用一组等距平行平面或一组曲面与被加工表面求交，求得的交线即刀路轨迹。一般情况下，曲面间求交比较困难，所以一般选用平面或回转曲面作为截平面。刀具轨迹分布均匀，其加工质量和效率要高于等参数线法，所以截面线法适合于曲面。

1.2.5　插铣加工在转轮水斗整体数控加工技术中的应用现状

转轮水斗整体数控加工技术代表冲击式转轮制造的主流发展方向，受到了人们的广泛重视。在数控加工转轮技术出现初期，由于尺寸限制，水斗不能一次成型，必须经历分铸和微焊两个过程，即数控加工和焊接组合，如图 1-7 所示。这种结构虽然降低了数控加工的难度，但必须留有较大的微焊余量二次数控加工，且焊接部分的应力控制很困难。随着数控技术的发展，水轮机转轮实现了整体数控加工，如图 1-8 所示。这种方法不但提高了水斗型线的准确性，而且能够解决断斗问题。目前，锻造毛坯或铸造毛坯整体数控加工已成为冲击式转轮制造发展的主流方向。

图 1-7　数控加工和焊接组合　　　　　　图 1-8　整体数控加工

转轮水斗是冲击式水轮机的核心零件，由于其整体结构、进刀空间狭窄、材料切削难度大、加工效率低，所以转轮水斗的数控加工效率问题一直困扰着水轮机制造企业。国外公司制造直径 1.74m 的整体式转轮水斗，水斗数量为 20 个，其加工时间为 1440h，单个水斗加工时间为 72h。哈尔滨电机厂有限责任公司通过不规则毛坯的频繁顺序继承调用法和整套加工工艺法加工直径 1.74m 的整体式转轮水斗，水斗数量为 21 个，加工时间为 1260h，单个水斗加工时间为 60h，比国外企业单个水斗加工效率提高 20%。尽管这样，加工效率仍然不高，还需要改进加工工艺来提高加工效率，因为过长的加工时间是企业无法接受的。

当代科学技术的迅猛发展，极大地推动了转轮水斗的开发、设计和制造等技术。国外一些企业在转轮水斗加工方面已经完成了由分体式到整体式加工方式的转变。

1. 数字化设计手段

一直以来，由于水轮机的应用特性，人们一直对其整体设计及加工有着较高的标准要求，包括水轮机的工作效率。随着社会科技的发展，水轮机模型的建立也由传统的手工设计转化为智能的三维设计形式。国外一些先进企业，通过软件系统的编程优化，已经可以获得转轮水力型线模型的整体优化。

帕金森和里斯伯格等将水流模拟与有限元分析的方法相结合，开拓了新型设计方法，降低其制造过程中的成本，提高了加工效率。

2. 数控加工设备

针对转轮水斗整体数控加工技术的研究，国外创新研究出转轮加工专用的附带数控转台的五轴数控加工机床，可提高转轮的精度和零件的使用寿命，给企业带来了巨大的经济效益。这种机床可以容纳多个刀具，通过对各工序需要刀具的提取来实现对拥有多个复杂曲面转轮水斗的铣削加工；也可以很大程度地提高零件的加工质量，降低废品率，且对刀具及夹具的要求相对简单，因此减少加工刀具和夹具的数量，相对降低了对零件加工的成本。

3. CAD/CAM 软件

针对转轮水斗的结构特性，国外采用先进的数控加工软件系统，使用计算机软件模拟仿真水斗的整个加工过程，包括工艺规划、夹具设计、程序编译、质量检测等，针对零件加工所使用的机床对软件进行二次开发，更加精确、高效地实现了转轮水斗的整体数控编程及加工仿真。

4. 多轴数控加工刀具轨迹生成技术

计算机数控编程的关键就在于数控加工刀具轨迹的生成。国内外许多科研人员经过对不同的加工零件进行多方面且深入的研究，开发出很多高效且实用的计算方法，并获得了广泛的应用。

曲面加工的刀具轨迹比二维切削加工复杂很多。目前，常用的走刀路线生成方法主要有以下几种。

(1) 等参数线法(也称 Bezier 曲线离散算法)：适用于完整曲面和组合曲面的加工编程。

(2) 截面线法和回转截面法：适用于组合曲面、多复杂曲面和型腔曲面的加工编程。

(3) 投影法：适用于存在干涉面的多复杂曲面和型腔曲面的加工编程。

5. 刀具干涉的检测与处理技术

刀具轨迹干涉和碰撞的检验是数控编程中比较主要的步骤，其目的是在零件加工区域生成高效、无干涉、准确的刀具轨迹。多年来，在复杂零件数控加工过程中，干涉问题的处理作为关键问题一直在不断的研究中。数控加工中刀具的干涉问题主要表现为过切和碰撞。图 1-9 为数控刀具的干涉检查。

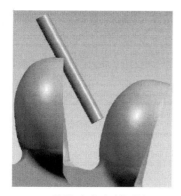 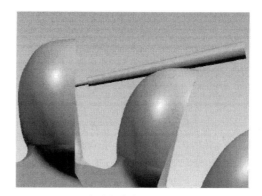

(a) 刀柄与水斗正面的干涉　　　　　　　　　　(b) 刀柄与相邻水斗背面的干涉

图 1-9　数控刀具的干涉检查

1.3　插铣加工的主要研究内容

本书通过插铣刀具设计及其力学分析，并把插铣刀具应用在冲击式水轮机转轮水斗中，分别进行了以下研究：插铣刀具和刀柄的设计、插铣加工过程的力学模型、插铣加工过程的动力学模型、插铣加工稳定性分析、刀具偏心对插铣稳定性的影响、插铣加工水斗过程的仿真和数控加工技术、铣削参数优选以提高铣削效率。本书具体研究内容如下：

(1) 通过 ANSYS 对插铣刀具的静力分析，得出不同的刀尖前角对插铣刀具变形的影响，同时对不同内孔直径刀柄插铣刀具进行频响分析，得出在满足刀具变形量小的基础上，刀尖处振幅最小的插铣刀具刀柄内孔值。

(2) 通过将插铣刀具底刃离散成微元来求取微元的切削力，对其进行叠加及坐标变换得到各方向铣削力。建立适用于插铣的铣削力系数辨识模型，并基于此模型和 Cr13 不锈钢插铣试验辨识铣削力系数。

(3) 根据插铣加工的特点，建立插铣的三自由度动力学模型以及考虑再生效应的插铣瞬时切削厚度模型，并对大长径比下插铣系统进行试验模态分析；利用模态分析软件识别出大长径比插铣加工系统的模态参数，并进行插铣时域仿真。

(4) 采用试验方法并以李雅普诺夫指数为判据对插铣加工稳定性进行研究，绘制出基于试验的插铣颤振稳定域图。

(5) 在插铣过程中，刀具的偏心会影响加工过程中的稳定性，因此建立考虑刀具偏心的动力学模型，使用半离散时域法进行求解，研究切削力系数、刀具参数对稳定性的影响，并进行试验验证。

(6) 针对转轮水斗的结构特征，设计转轮水斗的整体四坐标数控加工方案。根据转轮水斗的加工特点，确定选用刀具的材质与整体结构，并选择合适的铣削方式和铣削参数，规划出合理的转轮水斗整体数控加工工艺方案。

(7) 根据机床直线型加减速控制法和 S 型加减速控制法，精确建立插铣加工过程时间模型，以插铣加工过程时间为目标函数，应用遗传算法优化铣削参数。

第 2 章　插铣刀具及刀柄设计

参数化设计是指通过设定一些固有参数和可变参数，用尺寸参数和约束来完成几何形状的定义。参数化设计对于提高插铣刀具设计效率和保证插铣刀具设计精度有着极为重要的意义。目前，二维参数化设计已经逐渐趋于成熟，同时三维软件的功能也日益完善，三维参数化软件的设计已经成为参数化设计的发展趋势。为了做出不同刀尖前角、主偏角的插铣刀具，需要对不同角度的刀具进行对比，每次都需要重新定义草图并限定约束，非常浪费时间，致使效率很低。UG NX 具有参数化设计功能，通过该平台二次开发功能能够自动生成不同角度的刀具图，这对于插铣刀具的参数化设计尤为重要。

2.1　基于 UG 平台的参数化设计

UG(Unigraphics)是一款非常强大的交互式 CAD/CAM/CAE 系统。CAD(计算机辅助设计)不仅拥有强大的造型功能，还可以对 UG 进行二次开发。一种是利用 UG 提供的参数化功能模块进行二次开发，如电子表格法、用户自定义特征法(UDF)、关系表达式法和知识熔接法等。另一种是编程方法，利用 UG 提供的系统开发环境应用语言、程序二次开发接口和数据库等相关技术，来定义产品的参数化模型，并支持对参数化模型的建立、使用和管理，这是一种高级的参数化设计方法。UG/Open 作为 UG 二次开发工具集，主要包括 UG/Open Menuscript、UG/Open UIStyler、UG/Open API 和 UG/Open GRIP，具体功能如图 2-1 所示。

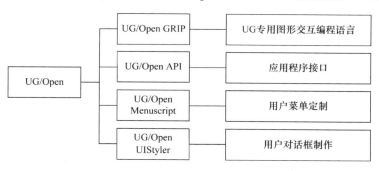

图 2-1　UG/Open 功能图

2.1.1　刀尖前角设定

　　为了防止刀尖处发生崩刃，硬质合金铣刀需要适当设置前角。前角有径向(垂直于刀具中心)方向的前角(即径向前角)和轴向(沿着刀具的轴)方向的前角(即轴向前角)，其中又有正负之分。如果两个前角同时为正，刀尖和工件的接触面增大，可以铣削铸铁和非硬质合金，但若要加工钢就会产生崩刃。但是，若两个前角均为负，虽然接触面积减少，但总切削力将会增大。因此，适当设置两个前角的值才能顺利进行铣削加工。

　　当轴向前角和径向前角都为负值时，切屑在刀具和工件之间呈现旋涡状，由于是双负角，切削刃的强度较高，能够进行强力切削，如图 2-2 所示。

　　当轴向前角为正、径向前角为负时，切屑慢慢卷曲着流出，适用于不锈钢、钢等材料的粗加工，如图 2-3 所示。

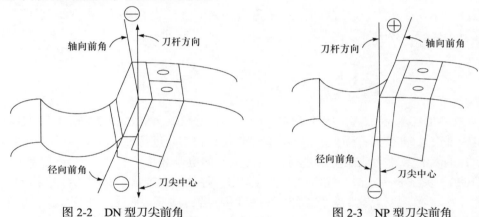

图 2-2　DN 型刀尖前角　　　　　　　图 2-3　NP 型刀尖前角

　　两个前角均为正值，切屑形状为 DP 型，比 DN 型和 NP 型更好，切削力也较小，适合于精加工，特别是轻合金、铜合金和不锈钢等的精加工。此外，DP 型刀尖前角也常用于低碳钢的粗加工和半精加工，如图 2-4 所示。

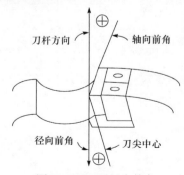

图 2-4　DP 型刀尖前角

2.1.2　主偏角设置

插铣刀具的主偏角大小直接影响轴向切削力和径向切削力的大小，同时也影响切削厚度。根据经验，插铣刀具的主偏角一般为 87°、90° 和 92° 等几种角度。刀体上影响刀具主偏角大小的是刀片槽的设计，通过改变刀片槽的位置，在刀片不变的情况下，主偏角随之改变。在其他几何参数不变的前提下，设计出主偏角为上述三个角度的插铣刀具。

2.2　插铣刀具参数化设计过程

插铣刀具的参数化设计主要包括 Menuscript 菜单设计、UIStyler 对话框设计、使用 VC++ 建立应用程序框架以及使用 UG/Open GRIP 编写插铣刀具参数化设计程序，如图 2-5 所示。

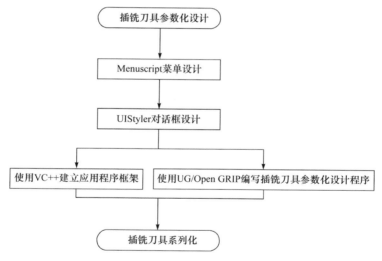

图 2-5　插铣刀具参数化设计流程图

2.2.1　Menuscript 菜单设计

首先注册环境变量，变量名为 UGII_USER_DIR，变量值为用户建立新文件夹的地址，在其子目录下再建立 startup 和 application 两个子文件夹，在 startup 文件夹下新建菜单文件(.men)，编写插铣刀具的脚本。

2.2.2　UIStyler 对话框设计

插铣刀具的菜单脚本编写完成后，需要对插铣刀具的对话框进行设计，这样才能进一步实行人机交互的功能。

从图 2-6 可以看出，基于 UG 平台对话框的制作环境包含 6 个部分：菜单、工具条、控件栏、对象浏览器、资源编辑器和对话框。菜单主要完成对话框及控件常用的操作。资源编辑器用来编辑对象浏览器中包含的各种控件的属性，如对话框的标题和定义对话框中的回调函数等；对话框用来反映对话框制作环境中的各种操作结果，同时也是 UG 二次开发中出现的用于满足特殊需求的人机交互方式。

图 2-6　插铣刀具菜单脚本

在 UG NX 中调用【用户界面样式编辑器】，进入对话框设计界面，分别建立刀具直径、刀具齿数、轴向前角、径向前角、刀片型号等对话框，如图 2-7 所示。

图 2-7　对话框设计界面

2.2.3　使用 VC++建立应用程序框架

在 VC++6.0 中，在应用程序框架中删除 cha_xi.cpp 和 cha_xi.h 这两个向导自动生成文件，更改 cha_xi_template.c 为 cha_xi_.cpp，然后添加 cha_xi.cpp 和 cha_xi.h 到 VC++建立的应用程序框架中，如图 2-8 所示。

VC++用来接收用户从界面输入的刀片半径、切削直径最小值及齿数，为插铣刀具参数化建模提供必要的参数。程序通过 CHA_XI_ok_cha_xi()函数来响应用户选择"OK"按钮，主要通过 UF_call_GRIP()函数来调用 GRIP 程序，完成插铣刀具的参数化建模，write_para()函数主要用来读取用户从界面输入的参数值，在 cha_ xi.h 文件中进行了声明 void write_para(int_id)。回调对话框如图 2-9 所示。

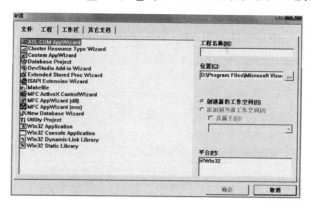

图 2-8　VC++平台

图 2-9　回调对话框

2.2.4　使用 UG/Open GRIP 编写插铣刀具参数化设计程序

GRIP(graphics interactive programming)是一种 UG 自带的图形交互编程语言，用户通过 GRIP 语言编程能够自动完成在 UG 下的参数设计和绝大部分操作，如实体建模、工程制图、系统参数控制、制造工艺、文件管理和图形修改等。GRIP 程序同样要经过编译、链接后，生成可执行的程序才能运行。

通过 UG NX 自带的 Open GRIP 工具，编写如下的程序代码：

entity/pt(100),ln(100),ent(100),cir(100),ent1(100),ent2(100),ent3(100),pt1(100)
entity/ln1(100),ent4(100)
number/mat(12),mat1(12),mat2(12),mat3(12),κ_r
ufargs/κ_r
&WCSDRW=&yes

ln(1)=LINE/-6,0,0,0,0,0
pt(1)=POINT/-6,0,0
…
mask/2,3,5
blank/all
mark:
halt

2.2.5　插铣刀具建模过程

(1) 在 UG NX 中，调用【刀具参数化设计】中【插铣刀】，如图 2-10 所示。

图 2-10　插铣刀菜单

(2) 弹出插铣刀参数化设计主界面，在插铣刀几个尺寸固定的前提下，选择主偏角分别为 87°、90° 和 92°，如图 2-11 所示。程序会自动分别生成如图 2-12 所示的模型。

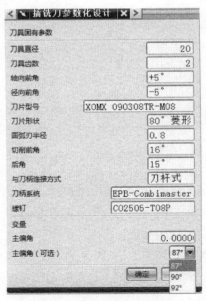

图 2-11　插铣刀对话框

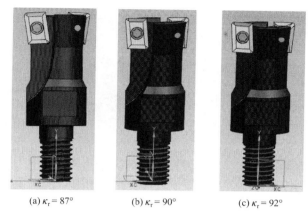

(a) $\kappa_{\mathrm{r}} = 87°$ 　　　　(b) $\kappa_{\mathrm{r}} = 90°$ 　　　　(c) $\kappa_{\mathrm{r}} = 92°$

图 2-12　主偏角不同的插铣刀具

2.3　插铣刀具性能的有限元分析

2.3.1　主偏角对插铣刀具的静力分析

采用 ANSYS 13.0 的 Workbench 平台，工程数据和 DesignXplorer 将不再是独立的应用程序，可通过 UI 工具箱将它们重新整合在 ANSYS Workbench 工程页下。在 ANSYS Workbench 平台下，工程师可以完成一个完整的仿真分析，包括 CAD 集成、几何修改和网格划分。同时，ANSYS Workbench 提供的自动网格划分解决方案在流体动力学中也取得了很好的效果，使得多物理场仿真速度也更快、更方便。

插铣刀具刀体设置为 42CrMo 合金钢，刀片为涂层硬质合金，在 UG NX 导入模型后，根据已定义的单元类型和单元属性进行网格划分，这里采用自动划分网格法(Automatic)，如图 2-13 所示。

由插铣刀具的过程分析可知，其受力主要在刀尖处，切削刃处的受力最大，主要承受轴向力和圆周力。根据插铣刀具的受力特点，把刀具受到的力简化为一集中力来模拟实际力，暂时不考虑动载荷的影响，因此做出以下两个假设：

(1) 把插铣刀具和刀柄看成一个整体，且为刚性材料；

(2) 刀具承受的所有载荷为集中载荷，且集中在刀片的刀尖上。

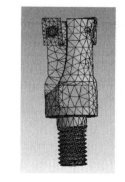

图 2-13　插铣刀具网格划分

对刀尖处分别施加集中载荷(表 2-1)，对刀体的螺纹处施加全约束。对主偏角分别为 87°、90°和 92°的插铣刀具进行对比研究，图 2-14 为刀体变形分析图。

(a) 87°主偏角刀体变形

(b) 90°主偏角刀体变形

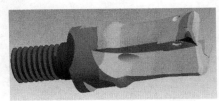
(c) 92°主偏角刀体变形

图 2-14　不同主偏角的刀体变形

表 2-1　切削力的均值

主偏角	切削力/N	$\overline{F}_x$	$\overline{F}_y$	$\overline{F}_z$
87°		841	1114	588
90°		782	1256	458
92°		797	924	394

根据后处理结果，主偏角为 87°的插铣刀具总变形为 0.292mm；主偏角为 90°的插铣刀具总变形为 0.291mm；主偏角为 92°的插铣刀具总变形为 0.289mm。因此，可以得出随着主偏角变大，总变形量变小，所以主偏角为 92°的插铣刀具变形最小。

2.3.2　刀尖前角对插铣刀具的静力分析

在 ANSYS Workbench 平台中，按照上述分析选择刀体和刀片的材料，刀片采用涂层结构，将 UG 中所建立的三维模型导入后，进行具体的网格划分工作，这对后续数据处理有着重要作用。一般来说，网格划分越精细计算结果越准确，但同时需要计算的量也就越大，耗费的资源也就相继增大，求解时间增长。采用手动划分网格的方法，对插铣时的切削部分采用超密的网格划分方法，这样划分的目的是提高计算机分析的真实性。完成网格划分后，具体如图 2-15 所示。

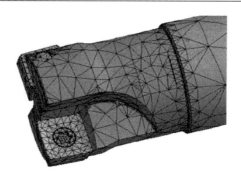

图 2-15　插铣刀具网格划分

　　在切削过程中插铣刀具的切削力主要集中在刀尖处，尤其是切削刃附近所承受的切削力最为明显，主要承受轴向力和圆周力。对此进行简化，有利于分析，暂时不考虑动载荷的影响，将刀具受到的力简化为一个集中力，进而做出以下两个假设：

　　(1) 把插铣刀具和刀柄看成一个整体，不考虑其他动载荷影响，作为刚性材料；

　　(2) 刀具承受的载荷全部集中在刀尖上。

　　对刀尖处分别施加集中载荷(表 2-1)，对刀体的螺纹处施加全约束，对刀尖前角分别为(1°、−1°)、(3°、−3°)、(5°、−5°)的插铣刀具进行分析并对比，静力分析如图 2-16 所示。

(a) (1°、−1°)

(b) (3°、−3°)

(c) (5°、−5°)

图 2-16　不同刀尖前角的刀体变形

　　根据后处理结果，轴向前角和径向前角为(1°、−1°)的插铣刀具总变形为 0.020432mm，轴向前角和径向前角为(3°、−3°)的插铣刀具总变形为 0.016046mm，轴向前角和径向前角为(5°、−5°)的插铣刀具总变形为 0.014117mm，可以得出轴向前角和径向前角为(5°、−5°)的插铣刀具总变形量最小。根据作用力的方向发生改变，轴向前角为正、径向前角为负，水平方向受力最小，尤其是在强力切削时，切削力比较大，考虑刀具的强度问题，应选择轴向前角和径向前角为(5°、−5°)。

2.3.3　插铣刀具的模态分析

模态是结构的固有振动特性，每一个模态具有固定的阻尼比、固有频率和模态振型。这些模态参数可以由计算或试验分析获得，这种分析过程为模态分析。本书模态分析的目的是识别出系统的模态参数，为刀具几何结构优化和振动特性分析提供依据，并且避免插铣刀具在共振的频率下长期工作。

为了分析插铣刀具的主偏角对固有频率的影响，在 ANSYS 线性静力分析的基础上进行了模态分析。以主偏角为 92°的插铣刀具为例，研究了其模态特性，得到了插铣刀具前 6 阶的振型，通过 5 阶振型可以看出刀具已经开始发生折弯变形，所以达到这一阶段的频率，刀具会相当危险。外界的冲击频率振型与模态振型相近或相等时可能会引起发生共振、颤振，导致铣削系统不稳定、刀具破损和过度磨损以及铣削表面质量变差，如表 2-2 所示。随着阶数的增大，频率逐渐增大，在 1 阶时的频率为 4034.2Hz，在后续的试验中外界冲击频率应尽量避免超过这一数值。

表 2-2　主偏角为 92°的 6 阶频率表

阶次	1	2	3	4	5	6
频率/Hz	4034.2	4137.6	12347	21352	23647	25975

2.4　抑振刀柄设计理论研究

2.4.1　抑振刀柄设计原理

根据水斗加工工艺的分析，需要超长刀柄和刀具系统进行加工，对于普通刀柄而言，首先要解决的是加工振动问题，为了抑制加工振动，需要进行以下两个方面的研究：①建立刀柄振动解析模型体；②将主轴与刀柄结合面接触刚度的理论引入减振刀柄设计中。采用有限元方法研究刀柄外形几何结构及内孔直径参数对刀柄变形和振动的影响规律，并通过试验验证刀柄振动解析模型及有限元分析方法的重要性，从而对刀柄外形几何结构和刀柄内孔直径参数进行优化设计。

机床主轴与刀柄结合面之间存在接触刚度的计算，其结合面刚度的计算方法如下：机床拉杆的拉力作为初始预紧力使结合面产生接触刚度，在结合面产生的平均接触压力为

$$P_n = \frac{F}{S(\sin\alpha + \mu\cos\alpha)} \tag{2-1}$$

式中，F 为拉杆拉力，10000 N；P_n 为主轴-刀柄结合面平均接触压力；μ 为主轴-

刀柄结合面摩擦系数，设为 0.18；α 为主轴-刀柄结合面锥角，8.297°；S 为主轴-刀柄结合面面积，$S = \pi \cdot \dfrac{D+d}{2} \cdot \dfrac{L}{\cos \alpha}$，其中 L 为主轴-刀柄结合面轴向长度，105mm，D 为主轴-刀柄结合面大端直径，d 为主轴-刀柄结合面小端直径。可以求得主轴-刀柄结合面单位面积法向接触刚度为

$$K_n = \alpha P^\beta \tag{2-2}$$

式中，K_n 为单位面积法向接触刚度；α、β 为接触面特性参数且为常数，其主要取决于接触表面的一般材料特性、弹性模量、表面粗糙度。由吉村允孝的单位面积法，可求得主轴-刀柄结合面等效刚度为

$$K_n = \iint k_n \mathrm{d}y\mathrm{d}z \tag{2-3}$$

2.4.2　刀柄结构动力学模型

为了研究内孔大小对刀柄切削振动的影响，建立如图 2-17 所示的刀柄振动分析模型。

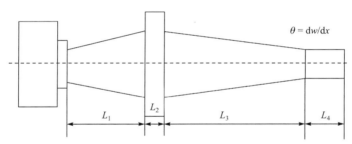

图 2-17　刀柄振动分析模型

刀柄单元的变形能 U 可表示为

$$U = \frac{1}{2}\int_0^L EI\left(\frac{\partial^2 \omega}{\partial x^2}\right)\mathrm{d}x \tag{2-4}$$

式中，L 为刀柄单元长度；E 为刀柄材料弹性模量；I 为刀柄单元截面的弯曲惯性矩；ω 为刀柄的位移函数。

设作用在刀柄上的分布载荷为 $q(x,t)$，外力在单元上所做的功 V 为

$$V = \int_0^L q(x,t)\omega(x,t)\mathrm{d}x \tag{2-5}$$

式中，t 为时间。单元的动能 T 为

$$T = \frac{1}{2}\int_0^L \rho(x)A(x)\left(\frac{\partial \omega(x,t)}{\partial t}\right)^2 \mathrm{d}x \tag{2-6}$$

式中，$A(x)$ 为刀柄单元截面的横截面面积；$\rho(x)$ 为刀柄单元的密度。

由哈密顿原理可知，刀柄单元变形能 U、外力功 V 和动能 T 的哈密顿作用量 P 为

$$P = \int_{t_1}^{t_2} (T - U - V)\mathrm{d}t \tag{2-7}$$

式中，t_1 为系统起始时刻；t_2 为系统终止时刻。

将式(2-4)~式(2-6)代入式(2-7)得

$$P = \int_{t_1}^{t_2}\int_0^L \left[\frac{1}{2}\rho A\left(\frac{\partial \omega}{\partial t}\right)^2 - \frac{1}{2}EI\left(\frac{\partial^2 \omega}{\partial x^2}\right)^2 - q\omega \right]\mathrm{d}x\mathrm{d}t = 0 \tag{2-8}$$

在刀柄的实际运动过程中，哈密顿作用量取驻值，其 Euler 方程为

$$\begin{cases} \dfrac{\partial}{\partial t}\left(\dfrac{\partial F}{\partial \dot\omega}\right) + \dfrac{\partial}{\partial x^2}\left(\dfrac{\partial F}{\partial \omega''}\right) - \dfrac{\partial F}{\partial \omega} = 0 \\ \rho A\ddot\omega + \dfrac{\partial^2}{\partial \omega^2}\left(EI\omega''\right) = q \end{cases} \tag{2-9}$$

式中，$\dot\omega = \dfrac{\partial \omega}{\partial t}$；$\ddot\omega = \dfrac{\partial^2 \omega}{\partial t^2}$；$\omega'' = \dfrac{\partial^2 \omega}{\partial x^2}$。

利用加权余量法，计算公式的残差为

$$Q = \int_0^L \left[\rho A\ddot\omega + \frac{\partial^2}{\partial x^2}\left(EI\omega''\right) - q \right]\upsilon\mathrm{d}x = 0 \tag{2-10}$$

式中，υ 为试探函数。依据有限元的思想，可以将刀柄离散化，则可以得到单元的刚度矩阵和质量矩阵，它们是单元质量密度 ρA、单元长度和单元刚度 EI 的函数，对每一单元的刚度矩阵和质量矩阵进行组装，得到刀柄整体刚度矩阵，因此得到刀柄的动力学方程为

$$M_n\ddot x_n + \omega_n^2 M_n x_n = F_n(t) \tag{2-11}$$

式中，M_n 为第 n 阶模态质量；F_n 为第 n 阶模态载荷；x_n 为第 n 阶模态位移；ω_n 为第 n 阶角频率。

$$x_n(t) = \frac{F_n(t)}{M_n\left(\omega_n^2 - \omega^2\right)}\left[\sin(\omega t) - \frac{\omega}{\omega_n}\sin(\omega_n t) \right] \tag{2-12}$$

式中，ω 为刀柄受到的切削频率。

设 φ_n 为第 n 阶离散型，刀柄的动态振动响应为

$$x(t) = \sum_{n=1}^{\infty} \varphi_n(t) x_n(t) \tag{2-13}$$

刀柄的固有频率为

$$\omega_n = \sqrt{\frac{K}{M}} \tag{2-14}$$

为了使刀柄振动较小，需要使切削频率远离刀柄结构的固有频率。对于空心刀柄而言，刀柄内径的大小不仅对刀柄的质量有一定影响，还会影响刀柄的刚度，这是很矛盾的，那么就会存在一个临近点既能使刀柄的固有频率离切削频率最远，又能使此时刀柄的振幅最小。其惯性矩为

$$I = k^2 \pi D^4 \left(1 - \alpha^4\right) \tag{2-15}$$

式中，$\alpha = \dfrac{d}{D}$，其中 d 为内径，D 为外径。

抗弯截面模量为

$$\omega = k_1 \pi D^3 \left(1 - \alpha^4\right) \tag{2-16}$$

式(2-16)又可表示为 ε 的函数，$\varepsilon = \dfrac{\delta}{D}$，$\delta$ 为壁厚，即

$$\omega = k_1 \pi D^3 \cdot \delta \left(\varepsilon - 3\varepsilon^2 + 4\varepsilon^3 - 2\varepsilon^4\right) \tag{2-17}$$

$$I = k_2 \pi D^4 \cdot \delta \left(\varepsilon - 3\varepsilon^2 + 4\varepsilon^3 - 2\varepsilon^4\right) \tag{2-18}$$

式中，k_1、k_2 表示刀柄受扭、受弯的差异系数，以 k 表示 $k_1 \pi$ 和 $k_2 \pi$，得到影响构件强度和刚度的通用截面几何量，称为广义截面几何矩量，且以 J 表示：

$$J = k D^n \cdot \delta \left(\varepsilon - 3\varepsilon^2 + 4\varepsilon^3 - 2\varepsilon^4\right) \tag{2-19}$$

当 $\varepsilon = 0.5$ 时，截面为实心，因此当 $0 \leqslant \varepsilon \leqslant 0.5$ 时，截面外径一定，内孔越大，ε 越小，小到可以忽略 ε 的高次方项，可以得到近似表达式为

$$J_1 = k D^n \cdot \delta \left(\varepsilon - 3\varepsilon^2 + 4\varepsilon^3\right) \tag{2-20}$$

$$J_2 = k D^n \cdot \delta \left(\varepsilon - 3\varepsilon^2\right) \tag{2-21}$$

因此，可以得到广义截面几何矩量与壁厚直径比的曲线关系，也可以认为是刀柄刚度与壁厚直径比的关系。刀柄结构复杂，属于变截面杆件，可通过软件计算获得此刀柄的合力孔的直径，使得刀柄的固有频率离切削频率最远，此时刀柄的振动幅值最小。对于长刀柄存在的压杆稳定性问题，根据刀杆边界条件，可将刀柄看作一段固定的压杆(空心)受力，如图 2-18 所示。

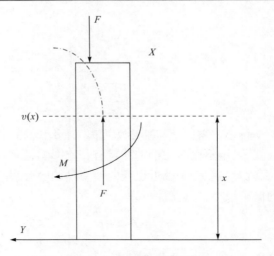

图 2-18　刀柄受力示意图

根据挠曲线近似微分方程，有

$$EI\frac{\mathrm{d}^2\upsilon(x)}{\mathrm{d}x^2} = M(x)$$

其中，$M(x) = F(\delta - \upsilon(x))$，令 $k^2 = \dfrac{F}{EI}$，$\dfrac{\mathrm{d}^2\upsilon(x)}{\mathrm{d}x^2} + k^2\upsilon(x) = k^2\delta$，此微分方程的通解为

$$\upsilon = C_1\sin(kx) + C_2\cos(kx)$$

其中 C_1、C_2 为积分常数，由压杆一端固定这一边界条件：

$$\upsilon(x)\big|_{x=0} \Rightarrow C_2 = -\delta$$

$$\frac{\mathrm{d}\upsilon(x)}{\mathrm{d}x}\bigg|_{x=0} \Rightarrow C_1 = 0$$

最后得

$$\upsilon(x) = \delta(1 - \cos(kx))$$

$$\upsilon(x)\big|_{x=L} \Rightarrow \cos(kL) = 0 \Rightarrow kL = \frac{n\pi}{2}, \quad n = 1,3,5\cdots$$

由 $k^2 = \dfrac{F}{EI}$ 可得一端固定的压杆的临界载荷为 $F_{\mathrm{cr}} = \dfrac{\pi^2 EI}{4L^2}$，其中 $I = \pi D^4 \cdot \delta(\varepsilon - 3\varepsilon^2)$。取 F 为刀柄所受的杆方向的力，这样可以得到刀柄压杆失稳的临界内孔直径的最大值。

2.5　不同内孔直径刀柄插铣刀具分析

一般来说，实心刀柄和空心刀柄的截面惯性矩是不同的。首先采用数值分析方法对刀柄不同空心直径进行受力及频响分析，进而得到内孔直径对刀柄频响的关系。

2.5.1　不同内孔直径刀柄插铣刀具的静力分析

插铣刀具的刀体与刀柄之间、刀柄与数控主轴之间均采用固定连接，刀片和刀体之间用山高公司生产的锁紧螺钉的方式固定。刀柄的内孔分别选取直径为 6mm、8mm、10mm 和 12mm 的实心体，并针对不同内孔直径对插铣刀具变形的影响进行定量分析，选取上述变形量最小的刀尖前角为(5°、−5°)的插铣刀具，并对插铣刀具的刀尖处施加如上同样的力，得到大长径比下带刀柄的静力分析变形图，如图 2-19 所示。

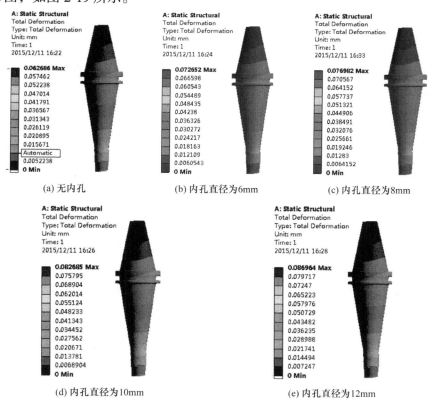

图 2-19　不同内孔直径刀柄变形图

同理，根据后处理结果，无内孔时插铣刀具刀柄的最大变形为 0.062686mm，内孔直径为 6mm 时插铣刀具刀柄的最大变形为 0.072652mm，内孔直径为 8mm 时插铣刀具刀柄的最大变形为 0.076982mm，内孔直径为 10mm 时插铣刀具刀柄最大变形为 0.082685mm，内孔直径为 12mm 时插铣刀具刀柄最大变形为 0.086964mm，可以看出随着刀柄内孔的增大，刀柄的变形量逐渐增大。

2.5.2　频响分析的介绍和方法

频率响应是设计人员在设计之初，为了避免由持续性的周期载荷所引起的共振等问题带来对机构的损害，以期能够提前获得机构的动力学特性，获得分析频谱的对应曲线，找到曲线上所对应不同频率状况下最高振幅值。

在该模块下进行频响分析与模态分析的过程有些相似之处，后面的模态分析过程不再赘述，操作具体步骤如下：

(1) 建立几何模型。

(2) 明确分析的类型。

(3) 施加频率响应载荷。

(4) 分析求解。

(5) 在后处理模块查看结果。

谐响应分析是建立在之前的 ANSYS 静力分析载荷基础上进行的，所以不需要再对载荷进行重新定义，同为在刀尖处施加一定载荷，对其进行处理。

2.5.3　刀柄内孔直径对刀尖频率响应的影响

本节分析不同内孔直径对刀柄变形和振动的影响，实心刀柄和空心刀柄的截面惯性矩是不同的。考虑到加工的特殊性，首先采用数值分析手段对刀柄不同空心孔直径进行受力及频响分析，同时通过插值技术得到刀尖振幅随刀柄内孔直径和频率变化的三维曲线，由此得到内孔直径对刀柄频率响应的影响。

不同刀柄内孔直径刀尖的频响曲线如图 2-20 所示。其中，图 2-20(a)为刀柄无内孔时，刀柄的最大变形和频率为 0~1000Hz 时刀尖的最大振幅图像；图 2-20(b)为刀柄内孔直径为 6mm 时，刀柄的最大变形和频率为 0~1000Hz 时刀尖的最大振幅图像；图 2-20(c)为刀柄内孔直径为 8mm 时，刀柄的最大变形和频率为 0~1000Hz 时刀尖的最大振幅图像；图 2-20(d)为刀柄内孔直径为 10mm 时，刀柄的最大变形和频率为 0~1000Hz 时刀尖的最大振幅图像；图 2-20(e)为刀柄内孔直径为 12mm 时，刀柄的最大变形和频率为 0~1000Hz 时刀尖的最大振幅图像。图 2-21 为刀柄变形和刀尖振幅随刀柄内孔变化的三维曲线。表 2-3 为上述 5 种情况下刀柄的最大变形量及刀尖的最大振幅值。

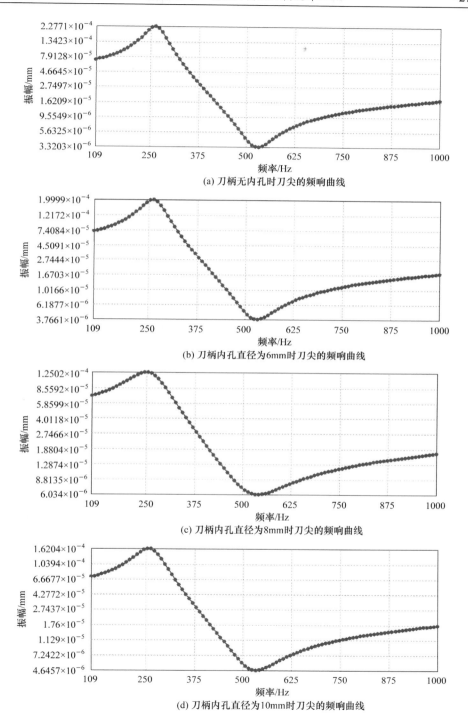

(a) 刀柄无内孔时刀尖的频响曲线

(b) 刀柄内孔直径为6mm时刀尖的频响曲线

(c) 刀柄内孔直径为8mm时刀尖的频响曲线

(d) 刀柄内孔直径为10mm时刀尖的频响曲线

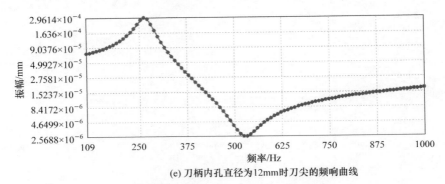

(e) 刀柄内孔直径为12mm时刀尖的频响曲线

图 2-20　不同刀柄内孔直径刀尖的频响曲线

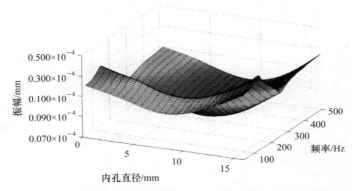

图 2-21　不同内孔直径下刀柄变形和刀尖处最大振幅的三维曲线

表 2-3　不同内孔直径时刀柄的最大变形量及刀尖的最大振幅值

内孔直径/mm	0	6	8	10	12
刀柄变形/mm	0.062686	0.072652	0.076982	0.082685	0.086964
刀尖振幅/10^{-4}mm	2.2771	1.9999	1.2502	1.6204	2.9614

　　通过刀柄变形图像分析可知，当刀柄内孔直径逐渐增大时，刀柄的变形逐渐增大，刀柄的刚度逐渐降低。而从刀尖的最大振幅及三维曲线可以看出，随着内孔直径的逐渐增大，刀尖的最大振幅存在最低点。从表 2-3 和图 2-22 能够得出，当刀柄内孔直径为一定值，即 8mm 时，刀柄的振动最小。

2.5.4　抑振刀柄试验测试验证

　　通过有限元数值分析模拟手段计算发现，当采用空心刀柄时，刀柄的变形随着刀柄内孔直径的增大而不断增大，而振幅随着刀柄内孔直径的增大而不断

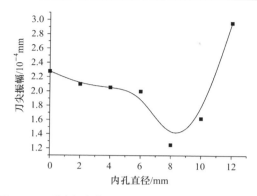

图 2-22　不同内孔直径下刀尖处最大振幅关系曲线

减小，当减小到一个最小值时，又随着刀柄内孔直径增大而增大，那么存在一个最小值点使刀柄尖端的振幅最小，同时保证刀柄的刚度。为了验证数值模拟分析结果的准确性，并考虑实际加工应用的可行性，本节有针对性地对刀柄的振幅进行了测试试验。

　　其中，采用涡流传感器测量试验振幅的大小。涡流传感器因具有可以不用接触计量以及高线性、高分辨率等特点而被广泛使用。涡流传感器可以在高速的机械往复状态下分析测量转子振动状态下的多种参数，如振幅及轴的径向跳动等。因为涡流传感器包含幅值、相位、频率等信息，所以具有很高的权威性，又由于优点鲜明，可以不受油污影响、结构简单且分辨率灵敏度极高，在大型机械旋转在线监测等很多领域得到广泛应用。针对试验的目的和特点，采用型号为 ST-2-U-05-00-20-KH09 的电涡流传感器进行数据采集，试验装置如图 2-23 所示。其中，选取测量的刀柄内孔直径为 8mm，刀柄的旋转速度为 800r/min。图 2-24 给出了测量刀柄的结构尺寸和测量点布置位置。

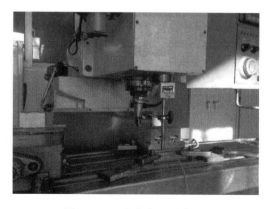

图 2-23　刀柄振幅试验装置

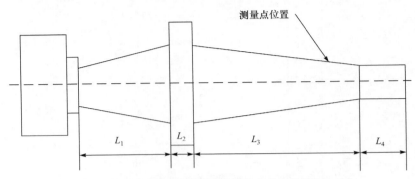

图 2-24 刀柄结构尺寸及测量点布置位置图

本次试验只对刀柄内孔直径为 8mm 的刀柄进行试验，给出了在该种条件下的测量结果，S_2 为实际测量点的振幅，为 9.3×10^{-5} mm；简化的测量振幅换算关系如图 2-25 所示，振幅简支梁简化为三角关系，其中 S_1 为刀尖的振幅，S_3 为测量点到固定点的距离，为 260mm，S_4 为测量点到刀尖的距离，为 70mm，具有如下关系：

$$\tan \alpha = \frac{S_2}{S_3} = \frac{S_1}{S_3 + S_4} \tag{2-22}$$

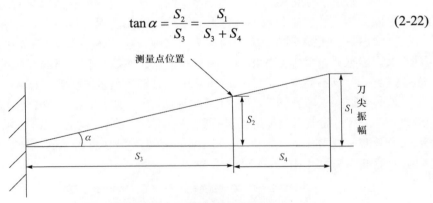

图 2-25 刀尖振幅简化图

2.6 本 章 小 结

(1) 根据选择的插铣刀具的几何参数、刀片等信息建立了参数化设计所需的 UG 二次开发的核心程序，按照参数化方法的设计流程，应用 UG/Open GRIP 和 API 混合编程的方法对插铣刀具进行了参数化设计。运行基于 UG 平台参数化设计的插铣刀具的程序，得到主偏角分别为 87°、90° 和 92° 的插铣刀具模型。

(2) 利用 ANSYS 进行了主偏角分别为 87°、90°和 92°的插铣刀具线性静力结构分析，得出主偏角为 92°时总变形量最小；对刀尖前角分别为(1°、−1°)、(3°、−3°)、(5°、−5°)的插铣刀具进行静力分析并对比，得出轴向前角和径向前角为(5°、−5°)的插铣刀具总变形量最小。

(3) 通过对抑振刀柄的设计，得出随着内孔直径的增大，在刀尖处的振幅存在最小值点，并得出刀柄孔直径为 8mm 时刀尖振幅存在最小值点，可以以此进行内孔最优设计，以降低刀柄振动。

第3章 插铣加工过程力学模型

插铣加工中，当切削刃切削工件时，使工件材料发生剪切变形产生的切削所需的力，即切削力。切削力是切削加工过程中最主要的物理因素，借助切削力模型可以更深入地研究切削机理，也可为动力学模型、动态加工误差、加工表面形貌仿真和磨损机理等物理因素研究提供理论支撑。下面介绍目前应用最广泛的切削力模型。

1. 切削力的经验公式

通过大量的切削试验，测出各种参数影响下变化的切削力，再利用图解法、回归分析等方法对试验数据进行数学处理，得到反映各切削参数与切削力的数学关系表达式，也称为经验公式(empirical formula)。

在研究中最广泛采用的切削力经验模型为指数型模型，其表达形式为

$$\begin{cases} F_{\mathrm{c}} = C_{\mathrm{Fc}} a_{\mathrm{p}}^{x_{\mathrm{Fc}}} f^{y_{\mathrm{Fc}}} V_{\mathrm{c}}^{n_{\mathrm{Fc}}} K_{\mathrm{Fc}} \\ F_{\mathrm{p}} = C_{\mathrm{Fp}} a_{\mathrm{p}}^{x_{\mathrm{Fp}}} f^{y_{\mathrm{Fp}}} V_{\mathrm{c}}^{n_{\mathrm{Fp}}} K_{\mathrm{Fp}} \\ F_{\mathrm{f}} = C_{\mathrm{Ff}} a_{\mathrm{p}}^{x_{\mathrm{Ff}}} f^{y_{\mathrm{Ff}}} V_{\mathrm{c}}^{n_{\mathrm{Ff}}} K_{\mathrm{Ff}} \end{cases} \tag{3-1}$$

式中，F_{c} 为主切削力，N；F_{p} 为切深抗力，N；F_{f} 为进给抗力，N；C_{Fc}、C_{Fp}、C_{Ff} 为受被切削材料和切削条件影响的系数；x_{Fc}、y_{Fc}、n_{Fc}、x_{Fp}、y_{Fp}、n_{Fp}、x_{Ff}、y_{Ff}、n_{Ff} 为模型的指数系数；K_{Fc}、K_{Fp}、K_{Ff} 为用于修正模型的系数，该系数主要受刀具尺寸参数、装配位置的影响。

上述数学模型都是基于平均功率或材料去除率近似地估算出切削力的平均值。目前国内外大多数插铣加工都采用此种建模方式对插铣铣削力进行研究，但平均刚性力模型只能求得切削力的平均值，刚性力虽然可以一定程度上估计切削力和刀具的静态变形，但不能加入振动变形对切削力的影响，无法在模型中充分反映出刀具的动态特性，所以无法应用于相关动力学分析中。

2. 切削力的瞬时刚性力模型

Sabberwaal 首先研究出切削力的力学模型，假设切削力大小与瞬时未变形切屑横截面积呈正相关性，其中切削力系数取决于刀具形状及工件材料。目前铣削

加工中已广泛地应用力学模型，且在使用中不断地改善与扩展。

在力学建模方法涉及的一些铣削力模型中，瞬时刚性力模型可以选择任何加工时刻，对该时刻的铣削力数值和方向进行预报，且预报结果也较为准确，因而瞬时刚性力模型得到了广泛应用。基于瞬时刚性力模型的建模原理，通过考虑铣削系统动态特性等因素，建立再生切削厚度模型，能够对铣削过程的动态切削力、刀具振动位移和铣削过程颤振等仿真预报。

切削力的力学模型可以定义为

$$\begin{cases} dF_t = K_{tc}h dz + K_{te}ds \\ dF_r = K_{rc}h dz + K_{re}ds \\ dF_a = K_{ac}h dz + K_{ae}ds \end{cases} \tag{3-2}$$

式中，dF_t、dF_r、dF_a 为刀具切向、径向和轴向微元切削力；ds、dz、h 为切削刃长度微元、轴向切深微元及切削厚度；K_{tc}、K_{rc}、K_{ac} 为切向、径向和轴向铣削力系数；K_{te}、K_{re}、K_{ae} 为切向、径向和轴向刃口力系数。

由于本书涉及动力学分析及相关稳定性预测，综合各因素影响，采用瞬时刚性力建模的方法对插铣加工过程进行建模。

3.1 插铣瞬时铣削力建模

图 3-1 给出了几种常见的插铣加工工艺，其中应用最广泛的为图 3-1(c)所示的间断插铣工艺，常用于粗加工中。由于几种工艺铣削力建模方式相同，且间断插铣加工的工艺应用更为广泛，所以本章以图 3-1(c)为例进行插铣铣削力建模。

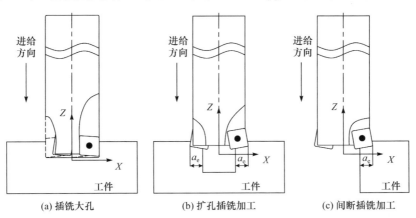

(a) 插铣大孔   (b) 扩孔插铣加工   (c) 间断插铣加工

图 3-1 插铣加工工艺

间断插铣时刀具与工件相对位置关系、刀具参数及切削参数如图 3-2 所示。

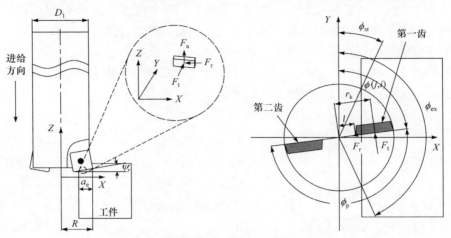

图 3-2　插铣瞬时切削状态及参数示意图

图 3-2 中，D_1 为刀具刀柄直径，R 为刀具切削半径，ψ_r 为主偏角，a_e 为径向切削深度，ϕ_{st} 和 ϕ_{ex} 分别为插铣刀具切入角和切出角，$\phi(j,i)$ 为刀具某一时刻某一切削刃所在位置角度。

1. 径向切削宽度的计算

根据刀具在旋转过程中刀齿的角位 $\theta_i \in [\theta_e, \theta_s]$ 对去除材料余量的几何角度进行计算。这里需要对相关的角度进行定义，图 3-3 为插铣加工的径向切削宽度(简称径向切宽)变化示意图。

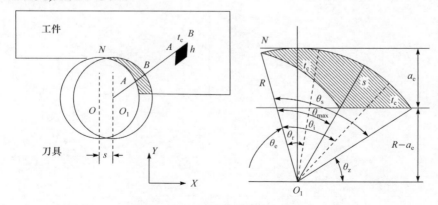

图 3-3　径向切削宽度变化示意图

图 3-3 中，θ_e 为切入角度，θ_s 为切出角度，R 为刀具半径，a_e 为径向切削深

度，s 为水平方向步距。

$$\theta_{max} = \arctan\left(\frac{R\cos\theta_z - s}{R - a_e}\right) + \arcsin\left(\frac{s}{2R}\right) \tag{3-3}$$

式中，θ_{max} 为每齿径向切宽最大值对应的刀齿切入角；θ_z 为刀齿处于切出位置时与 X 轴的夹角。

这里，为了计算径向切宽，需要将刀齿工作情况分为以下两种。

第一种情况：$\theta_i = [\theta_e : \theta_{max}]$，$\theta_i$ 取值介于 0 和 θ_{max} 之间。

$$\theta_i = [\theta_e : \theta_{max}] \Rightarrow t_c = s\sin\theta_i \tag{3-4}$$

第二种情况：$\theta_i = [\theta_{max} : \theta_s]$，$\theta_i$ 取值介于 θ_{max} 和 0 之间。

$$\theta_i = [\theta_{max} : \theta_s] \Rightarrow t_c = R - \left[R - \frac{a_e}{\cos(\theta_i - \theta_r)}\right] \tag{3-5}$$

式中，t_c 为径向切削宽度；θ_r 为切入瞬时刃口与 Y 轴之间的夹角。

2. 切削厚度的计算

切削厚度是一个与刀具直径 R、径向切削深度 a_e 以及步距 s 相关的函数。通过分析插铣加工过程可知，若刀具直径较小，径向切削深度和步距取最大值，就会出现两个或者多个刀齿参与切削的情况。图 3-4 为刀具切入工件时参与切削刀齿数示意图。

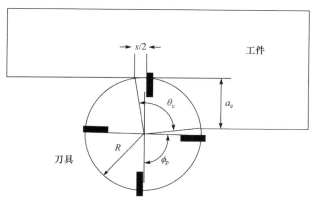

图 3-4　切入工件刀齿数示意图

为分析几个刀齿同时参与切削的工作情况，首先定义两个角度，刀具的齿间角 ϕ_p 和扫掠角 θ_c。由此可以建立切削厚度计算公式：

$$\phi_p = \frac{2\pi}{Z} \tag{3-6}$$

$$\theta_c = \frac{\pi}{2} + \arcsin\left(\frac{s}{2R}\right) - \arcsin\left(\frac{R-a_e}{R}\right) \tag{3-7}$$

同时参与切削的刀齿数目 Z_c 可定义为

$$Z_c = \frac{Z\theta_c}{2\pi} \tag{3-8}$$

因此，两个或两个以上刀齿同时参与切削的情况可表示为

$$\frac{\pi}{2} + \arcsin\left(\frac{s}{2R}\right) - \arcsin\left(\frac{R-a_e}{R}\right) \geqslant \frac{2\pi}{Z} \tag{3-9}$$

于是，可以建立计算切削厚度 h 的运算公式：

$$h = \frac{f_z\phi_p}{\theta_c} = \frac{2\pi f_z}{Z\left[\dfrac{\pi}{2} + \arcsin\left(\dfrac{s}{2R}\right) - \arcsin\left(\dfrac{R-a_e}{R}\right)\right]} \tag{3-10}$$

3. 插铣残留面积的计算

插铣加工水平方向残余面积形成机理如图 3-5 所示。

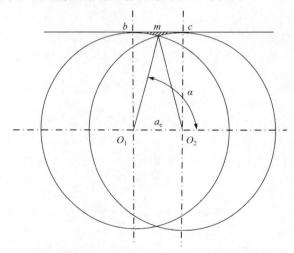

图 3-5　插铣加工水平方向残余面积形成机理图

由图 3-5 可以看出，插铣加工后的最大残余高度为

$$h_c = R - R\sin\alpha \tag{3-11}$$

其中

$$\alpha = \arccos\left(\frac{a_e}{2R}\right) \tag{3-12}$$

因此，残余面积为

$$A_{c} = A - A_{O_1O_2m} - 2A_{O_1bm} = a_eR - a_e\sqrt{R^2 - \frac{1}{4}a_e^2} - R^2\left(\frac{\pi}{2} - \alpha\right) \tag{3-13}$$

根据插铣力学模型，需将刀具切削刃及转动角度(即时间)离散成微元。由于插铣刀具靠底刃切削，所以先将插铣刀具底刃离散成微小单元，通过刚性力模型计算出每个微小单元的铣削力，再叠加插铣刀具底刃上所有参与切削的微小单元的铣削力，就可得到某一时刻下某一刀齿受到的切削力，最后叠加所有齿的切削力，即可得到插铣刀具在该时刻受到的铣削力。插铣是刀具沿轴向进给，对于单侧插铣而言，参与切削的切削刃长度会随着刀具旋转角度的改变而改变，由此可得到切削力随旋转角度(或时间)变化的关系式，从而建立插铣瞬时铣削力数学模型。

插铣铣削过程切削刃角度位置如图 3-2 所示，则刀具第 j 时刻第 i 个刀齿的位置角 $\phi(j,i)$ 表达式为

$$\phi(j,i) = \phi(j) + (i-1)\phi_p \tag{3-14}$$

$$\phi_p = 2\pi/N \tag{3-15}$$

式中，$\phi(j)$ 为插铣刀具第一个刀齿以 Y 轴正方向为基准的角度位置；ϕ_p 为插铣刀具的齿间角；N 为插铣刀具齿数。

插铣刀具瞬时切削面积微元为 $h\Delta a$，其中 h 为瞬时切削厚度，Δa 为沿插铣刀具底刃方向离散的切削刃微小单元长度。根据瞬时刚性力基本公式，切削刃每个微小单元的切向、径向和轴向力为 $\mathrm{d}F_t$、$\mathrm{d}F_r$ 和 $\mathrm{d}F_a$，具体为

$$\begin{cases} \mathrm{d}F_t = K_{tc}h\Delta a + K_{te}\Delta a \\ \mathrm{d}F_r = K_{rc}h\Delta a + K_{re}\Delta a \\ \mathrm{d}F_a = K_{ac}h\Delta a + K_{ae}\Delta a \end{cases} \tag{3-16}$$

式中，K_{tc}、K_{rc}、K_{ac} 分别为插铣的切向、径向、轴向铣削力系数；K_{te}、K_{re}、K_{ae} 分别为插铣刀具的切向、径向、轴向刃口系数。

其中插铣刀具的结构、刀具及工件的材质等因素影响铣削力系数大小，而刃口系数主要受到刀具磨损的影响。铣削力系数和刃口系数可以通过对应刀具和工件材料的插铣试验标定获得，与剪切变形等理论无关。

刀具的刀齿的位置角度为 $\phi(j,i)$，则刀具切削刃微元受到的切向力 $\mathrm{d}F_t$、径向力 $\mathrm{d}F_r$、轴向力 $\mathrm{d}F_a$ 通过坐标变换，可得到作用在直角坐标系中的切削力分量如下：

$$\begin{cases} \mathrm{d}F_x = -\mathrm{d}F_t\cos\phi(j,i) - \mathrm{d}F_r\sin\phi(j,i) \\ \mathrm{d}F_y = \mathrm{d}F_t\sin\phi(j,i) - \mathrm{d}F_r\cos\phi(j,i) \\ \mathrm{d}F_z = \mathrm{d}F_a \end{cases} \tag{3-17}$$

　　刀齿只有在与工件接触时才会产生切削力，在间断插铣加工过程中，由于插铣刀具的旋转，参与切削的切削刃长会变化，并会产生刀齿不参与切削的情况；对于齿数较多的插铣刀具，由于径向切削深度的增加，还可能有多个刀齿同时进行切削的状况，所以模型中需要判断每一个刀齿是否切削，并将其切削的条件定义为

$$\phi_{st} \leqslant \phi(j,i) \leqslant \phi_{ex} \tag{3-18}$$

式中，ϕ_{st} 和 ϕ_{ex} 分别表示插铣加工时刀具的切入角和切出角，其随径向切削宽度变化表达式如下：

$$\begin{cases} \phi_{st} = \arcsin\left(\dfrac{R-a_e}{R}\right) \\ \phi_{ex} = \pi - \arcsin\left(\dfrac{R-a_e}{R}\right) \end{cases} \tag{3-19}$$

　　定义阶跃函数如下：

$$\begin{cases} g(\phi(j,i)) = 1, & \phi_{st} \leqslant \phi(j,i) \leqslant \phi_{ex} \\ g(\phi(j,i)) = 0, & \phi(j,i) < \phi_{st} \text{ 或 } \phi(j,i) > \phi_{ex} \end{cases} \tag{3-20}$$

因此，可得出考虑刀齿切入切出时切削刃微元的铣削力为

$$\begin{cases} \mathrm{d}F_x = g(\phi(j,i))(-\mathrm{d}F_t \cos\phi(j,i) - \mathrm{d}F_r \sin\phi(j,i)) \\ \mathrm{d}F_y = g(\phi(j,i))(\mathrm{d}F_t \sin\phi(j,i) - \mathrm{d}F_r \cos\phi(j,i)) \\ \mathrm{d}F_z = g(\phi(j,i))\mathrm{d}F_a \end{cases} \tag{3-21}$$

参与切削的切削刃微元个数 M 为

$$M = \frac{R - \dfrac{R-a_e}{\sin\phi(j,i)}}{\Delta a} \tag{3-22}$$

　　最后，对所有参与切削的切削刃微元的铣削力求和，可得到单个刀齿的铣削力，再对同一角度下所有刀齿的铣削力进行求和，最终获得刀具受到的总的插铣铣削力如下：

$$\begin{cases} F_x = \displaystyle\sum_{j=1}^{N}\sum_{i=1}^{M}(-\mathrm{d}F_t \cos\phi(j,i) - \mathrm{d}F_r \sin\phi(j,i)) \\ F_y = \displaystyle\sum_{j=1}^{N}\sum_{i=1}^{M}(\mathrm{d}F_t \sin\phi(j,i) - \mathrm{d}F_r \cos\phi(j,i)) \\ F_z = \displaystyle\sum_{j=1}^{N}\sum_{i=1}^{M}\mathrm{d}F_a \end{cases} \tag{3-23}$$

3.2　插铣铣削力系数辨识

为了对插铣铣削力进行仿真，需要获取数学模型的各项铣削力系数。通常状态下，影响铣削力系数的因素主要为刀具结构参数和材料属性，并且它们不随加工参数的改变而改变。

目前一般通过以下两种方式求解铣削力系数。一是基于直角正交切削参数，根据斜角切削过程中不同的刀具几何模型来求解其铣削力系数。二是 Budak 等研究了一种快速标定的平均铣削力法，选择一个稳定的径向切削深度，保持切入角、切出角不变，进行一组只改变每齿进给量的试验，并且消除刀具偏心对铣削力产生的影响，获取刀具每一旋转周期的总铣削力，除以刀具齿数，最终获得单个刀齿在其铣削周期的平均力。将试验采集的平均力与铣削力系数模型积分求得的平均力相等，即可求得铣削力系数。

Altintas 等认为在进给量比较小时，铣削力系数与铣削厚度呈非线性关系。Damir 在对插铣铣削力系数进行求解时，也建立了基于铣削厚度的指数型铣削力模型，并通过试验得出了每齿进给量与插铣铣削力系数的非线性关系。结果表明，当每齿进给量较小时，铣削厚度对插铣铣削力系数影响很大；当每齿进给量较大时，铣削厚度对插铣铣削力系数影响较小，铣削力系数基本保持稳定。然而，对于大多数插铣加工而言，按照其特点都将其作为粗加工工艺，以提高产品加工效率，因此采用的进给量往往比较大，虽然铣削厚度仍会对铣削力系数产生一些影响，但这种影响可以忽略，所以插铣适合采用平均力法求解铣削力系数。Rafanelli 等就利用快速标定的方法求解了插铣铣削力系数，并通过仿真验证了该方法的可行性。综上所述，本书采用快速标定的平均铣削力法对 Cr13 不锈钢插铣加工进行铣削力系数辨识。

3.2.1　Cr13 不锈钢插铣铣削力系数模型

由 3.1 节所得到的刀具总的铣削力公式可得

$$\begin{cases} F_x = \sum_{j=1}^{N} \sum_{i=1}^{M} \Delta a \left[-(K_{tc}h + K_{te})\cos\phi(j,i) - (K_{rc}h + K_{re})\sin\phi(j,i) \right] \\ F_y = \sum_{j=1}^{N} \sum_{i=1}^{M} \Delta a \left[(K_{tc}h + K_{te})\sin\phi(j,i) - (K_{rc}h + K_{re})\cos\phi(j,i) \right] \\ F_z = \sum_{j=1}^{N} \sum_{i=1}^{M} \Delta a (K_{ac}h + K_{ae}) \end{cases} \tag{3-24}$$

由于刀具的各个刀齿在一个周期内切除的材料数量是一个常数，所以可以将主轴一转内的铣削力积分再除以齿间角，得出每齿周期的平均铣削力：

$$F_{\text{average}} = \frac{1}{\phi_{\text{p}}} \int_0^{2\pi} F(\phi) \mathrm{d}\phi \tag{3-25}$$

利用式(3-22)可以得到参加切削的刃长随角度变化的关系式为

$$a = \sum_{i=1}^{M} \Delta a = R - \frac{R - a_{\text{e}}}{\sin \phi(j,i)} \tag{3-26}$$

刀齿只在接触区(即 $\phi_{\text{st}} \leqslant \phi \leqslant \phi_{\text{ex}}$)进行切削，因此将式(3-24)进行积分可得到平均力为

$$\begin{cases} \overline{F}_x = -\dfrac{N}{2\pi} \varepsilon_1 (K_{\text{tc}} h + K_{\text{te}}) - \dfrac{N}{2\pi} \varepsilon_2 (K_{\text{rc}} h + K_{\text{re}}) \\[2mm] \overline{F}_y = \dfrac{N}{2\pi} \varepsilon_2 (K_{\text{tc}} h + K_{\text{te}}) - \dfrac{N}{2\pi} \varepsilon_1 (K_{\text{rc}} h + K_{\text{re}}) \\[2mm] \overline{F}_z = \dfrac{N}{2\pi} \varepsilon_3 (K_{\text{ac}} h + K_{\text{ae}}) \end{cases} \tag{3-27}$$

其中变量 ε 表达式如下：

$$\begin{cases} \varepsilon_1 = \displaystyle\int_{\phi_{\text{st}}}^{\phi_{\text{ex}}} \left[R\cos\phi - (R-a)\frac{\cos\phi}{\sin\phi} \right] \mathrm{d}\phi \\[3mm] \varepsilon_2 = \displaystyle\int_{\phi_{\text{st}}}^{\phi_{\text{ex}}} \left[R\sin\phi - (R-a) \right] \mathrm{d}\phi \\[3mm] \varepsilon_3 = \displaystyle\int_{\phi_{\text{st}}}^{\phi_{\text{ex}}} \left(R - \frac{R-a}{\sin\phi} \right) \mathrm{d}\phi \end{cases} \tag{3-28}$$

需将平均铣削力分成两部分，写成式(3-29)形式，然后与试验线性回归拟合得到的表达式对比，再将得到的力代入式(3-28)中即可得铣削力系数。

$$\begin{cases} \overline{F}_x = \overline{F}_{xc} f_z + \overline{F}_{xe} \\[2mm] \overline{F}_y = \overline{F}_{yc} f_z + \overline{F}_{ye} \\[2mm] \overline{F}_z = \overline{F}_{zc} f_z + \overline{F}_{ze} \end{cases} \tag{3-29}$$

3.2.2　Cr13 不锈钢插铣铣削力系数辨识试验

(1) 试验机床：采用大连机床立式加工中心 VDL-1000E，其转速范围为 45～8000r/min。

(2) 试验刀具：采用山高插铣刀具(R217.79-1020.RE-09-2AN)，山高刀柄(E3424

5820 10185)，$R=10\text{mm}$，$N_f=2$，$\gamma_o=+5°$，$\gamma_p=+5°$，$\gamma_f=-5°\sim-2°$。

(3) 试验测试仪器：插铣铣削力的测量采用三向压电式测力仪，型号为 Kistler9257B，将收集的插铣力信号转化成电信号，经过电荷放大器放大后由信号采集系统将电信号转化成可读信号进行分析，电荷放大器型号为 Kistler5070A，动态信号采集系统为 DH-5922。插铣铣削力试验测试及采集系统原理如图 3-6 所示。

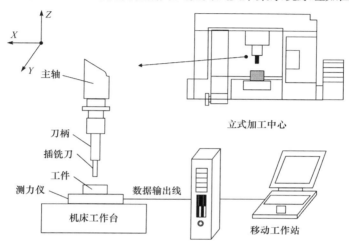

图 3-6　插铣铣削力试验测试及采集系统原理图

(4) 试验工件：水轮机转轮水斗加工材料为不锈钢0Cr13Ni4Mo(Cr13不锈钢)，其室温屈服强度 $\sigma_{0.2}$ 为 620MPa；其内部成分为(质量分数)：C≤0.05%，Mn 0.5%～1.0%，P≤0.03%，S≤0.03%，Cr 11.5%～14%，Mo 0.5%～1.0%，Ni 3.5%～5.5%；其尺寸为 170mm×100mm×120mm。

图 3-7 为 Cr13 不锈钢插铣铣削力试验现场图。

图 3-7　Cr13 不锈钢插铣铣削力试验现场

(5) 铣削力系数：必须在稳定切削状态下获得，所以需进行多组试验，选取一组稳定切削状态的切削参数，最终选取的插铣铣削力系数辨识试验切削参数如表 3-1 所示。

表 3-1　插铣铣削力系数辨识试验切削参数

序号	每齿进给量 f_z/(mm/z)	转速 n/(r/min)	径向切削深度 a_e/mm
1	0.04	3000	1
2	0.06	3000	1
3	0.08	3000	1
4	0.10	3000	1

(6) 试验数据分析：通过测力仪测量得到每个进给量下的铣削力，取三个方向的铣削力的平均值，结果如表 3-2 所示。

表 3-2　工件坐标系下的平均铣削力

每齿进给量 f_z/(mm/z)	F_x/N	F_y/N	F_z/N
0.04	−19.4	34.3	21.8
0.06	−25.9	46.6	30.6
0.08	−35	64.5	42.5
0.10	−41.3	77.3	51

将 F_x、F_y、F_z 线性回归为犁耕力与每齿进给量 f_z 的线性回归方程，即

$$\begin{cases} F_x = -374 f_z - 4.22 \\ F_y = 734.5 f_z + 4.26 \\ F_z = 497.5 f_z + 1.65 \end{cases} \quad (3\text{-}30)$$

铣削力随每齿进给量变化的线性回归如图 3-8 所示。

对比式(3-30)与式(3-29)，即从试验中得到铣削力的各组成部分：

$$\overline{F}_{xc} = -374\text{N}, \quad \overline{F}_{yc} = 734.5\text{N}, \quad \overline{F}_{zc} = 497.5\text{N}$$

$$\overline{F}_{xe} = -4.22\text{N}, \quad \overline{F}_{ye} = 4.26\text{N}, \quad \overline{F}_{ze} = 1.65\text{N}$$

将式(3-30)分解出的 $\overline{F}_{xc}$、$\overline{F}_{xe}$、$\overline{F}_{yc}$、$\overline{F}_{ye}$、$\overline{F}_{zc}$、$\overline{F}_{ze}$ 代入式(3-16)，即可求得各铣削力系数如表 3-3 所示。

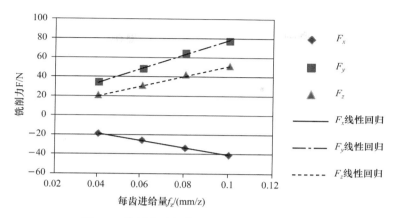

图 3-8　铣削力随每齿进给量变化的线性回归

表 3-3　铣削力系数

Cr13 不锈钢插铣铣削系数/(N/mm²)					
K_{tc}	K_{te}	K_{rc}	K_{re}	K_{ac}	K_{ae}
3848.4	20.4	1960.9	22.1	2550.4	8.5

3.3　插铣铣削力仿真

　　图 3-9 为插铣铣削力仿真流程图,仿真将插铣刀具旋转周期离散为多个时间步长，每个步长都对应着所有刀齿的角度，通过刀具与工件位置关系计算切入角和切出角，并判断插铣刀齿是否切削，然后计算对应步长参与切削刃微小单元的个数，求得各微小单元上作用的切向力、径向力和轴向力，并将这些力划分到工件坐标系中，再将每一步长内各个刀齿的切削力进行求和，进而求得刀具受到的力。由于插铣加工的特殊性，所以不仅要考虑 X、Y 方向的力，还要考虑 Z 方向的力。

　　应用所建立插铣铣削力的数学模型和试验得到的 Cr13 不锈钢插铣铣削力系数对铣削力进行仿真，并与试验数据进行对比。图 3-10 为转速 $n = 3000\text{r/min}$、径向切削深度 $a_e = 1\text{mm}$、每齿进给量 $f_z = 0.04\text{mm/z}$ 下插铣加工获得机床坐标系三个方向的插铣铣削力仿真曲线与实测数据曲线。

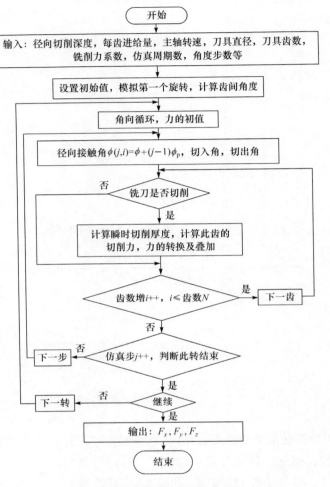

图 3-9　插铣铣削力仿真流程图

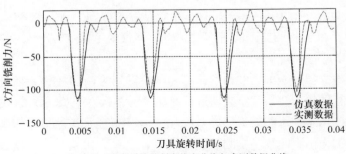

(a) X方向插铣铣削力仿真曲线与实测数据曲线

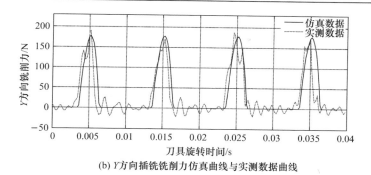

(b) Y方向插铣铣削力仿真曲线与实测数据曲线

(c) Z方向插铣铣削力仿真曲线与实测数据曲线

图 3-10　插铣铣削力仿真曲线与实测数据曲线

　　图 3-10 中的实测数据均是在加工稳定的情况下获取的。从图中可以看出，插铣为单齿切削，由于齿间角的作用，在仿真中 X、Y、Z 方向上的插铣铣削力有时为零，并且插铣铣削力仿真数值呈现稳定的周期性变化，无论形状还是峰值都是相同的；从实测数据中可以看出，数据曲线形状和峰值略有不同，这可能是由刀具偏心、跳动以及振动产生的，但基本表现为周期性变化，刀齿未切削时力在零周围无序波动，这可能是由于外界因素(如机床振动等)对测试信号干扰产生的影响。对比仿真与实测数据，两者数值大小与曲线形状基本吻合，峰值误差在 7% 左右，基本证实了插铣铣削力理论模型以及所求得插铣铣削力系数的准确性，因而可以对稳定状态下的插铣铣削力进行仿真预测。

　　为了进一步研究插铣各加工参数对铣削力的影响，对不同的加工参数以仿真形式展开探究，得出以下结果。

　　(1) 每齿进给量 f_z 对插铣铣削力曲线的影响如图 3-11 所示，改变 f_z 为 0.04mm/z、0.06mm/z、0.08mm/z、0.10mm/z，其他切削参数不改变，$a_e = 1\text{mm}$，$n = 3000\text{r/min}$。

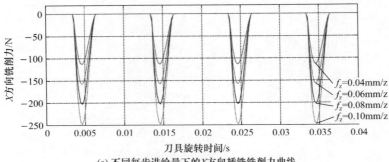

(a) 不同每齿进给量下的X方向插铣铣削力曲线

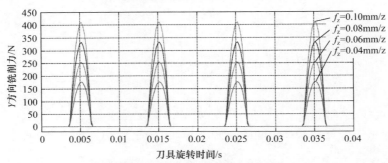

(b) 不同每齿进给量下的Y方向插铣铣削力曲线

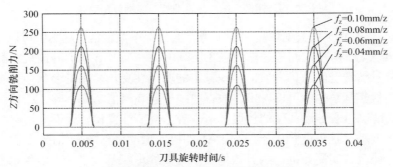

(c) 不同每齿进给量下的Z方向的插铣铣削力曲线

图 3-11　不同每齿进给量下的插铣铣削力曲线

从图 3-11 中可以看出,在每齿进给量增加的情况下,插铣加工中 X、Y、Z 三个方向的铣削力峰值也随之增加,并呈线性增长,这与每齿进给量对切削力影响的研究结果相吻合,而切入和切出的时间未发生变化,这是由于径向切削深度未发生变化,进而刀具与工件的几何位置关系也未发生变化,公式推导的切入角和切出角不变引起时间无变化。

(2) 径向切削深度 a_e 对插铣铣削力曲线的影响如图 3-12 所示,改变 a_e 为 0.5mm、0.75mm、1mm、1.25mm,其他参数不改变,$f_z = 0.04\text{mm/z}$,$n = 3000\text{r/min}$。

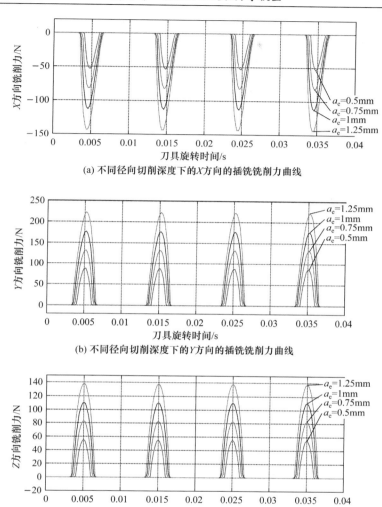

(a) 不同径向切削深度下的X方向的插铣铣削力曲线

(b) 不同径向切削深度下的Y方向的插铣铣削力曲线

(c) 不同径向切削深度下的Z方向的插铣铣削力曲线

图 3-12　不同径向切削深度下的插铣铣削力曲线

从图 3-12 中可以看出,插铣加工中 X、Y、Z 三个方向的铣削力峰值都随径向切削深度的增加而增大,切入和切出的时间都发生变化,这是由于随着径向切削深度的增加,参与切削的切削刃长变大,切入角变小,切出角变大,刀具铣削区域增大,所以切入和切出的时间发生变化。由于刚性力模型中没有切削速度对力的影响因素,对于仿真预测中相同的刀具旋转周期,切削速度只影响切削时间,而不影响力的大小。

3.4　本　章　小　结

(1) 基于插铣瞬时切削状态模型及刚性力理论，建立了不考虑系统动态特性的插铣铣削力理论模型，并进一步推导了平均铣削力模型。

(2) 通过插铣试验所获得的平均铣削力求解了 Cr13 不锈钢插铣加工的铣削力系数。

(3) 应用所编制的铣削力算法程序进行了插铣铣削力仿真并与试验结果对比，验证了理论模型的可行性以及所求得 Cr13 不锈钢插铣铣削力系数的准确性。对不同的插铣加工参数进行了插铣铣削力仿真分析。

第4章　插铣加工过程动力学模型

对插铣加工的静态铣削力进行数学建模，所建立的铣削力模型中没有考虑插铣加工系统动力学特性的影响，因此插铣静态铣削力仿真是局限的，只有在系统比较稳定的情况下仿真结果才比较准确。但切削是一个复杂过程，当某些切削条件导致加工系统振动剧烈时，静态铣削力建模和仿真就很难准确地反映铣削状态。因此，有必要研究插铣加工系统的动态特性。

在铣削加工过程中系统振动会产生许多有害影响，如工件表面质量差、刀具使用寿命降低、产品生产效率低以及机床损坏加剧等。铣削加工过程中产生的振动可能有以下几种主要来源：自由振动，这种振动产生于切削过程中某一短暂的偶然冲击，但该冲击消失后，由于系统阻尼的影响，自由振动很快衰退为零，一般对系统影响不大；强迫振动，这种振动是干扰力周期性或非周期性地作用于系统所产生的，这种干扰力可能是来自于与切削不相关的外部，也可能是切削自身产生的；自激振动，即常说的"颤振"现象，它是加工系统不稳定的主要因素，是无周期性外力作用时由系统自身动态特性引起的，是在切削过程中所独有的现象；混合振动，这种振动是以上几种振动形式同时产生的情况。

混合振动是切削加工中最常见的振动，但对系统影响最大的是自激振动，这不仅是因为自激振动所产生振动剧烈且不衰减，更主要在于系统自身动态特性是产生自激振动的根本原因。自激振动是加工过程中最主要的部分，因此把它作为切削系统振动的主要研究内容。自激振动按机理又包括再生颤振、振动耦合颤振以及摩擦颤振，其中再生颤振(其原理见图4-1)是作用最大的主导型颤振，因此本书依据再生颤振理论对插铣加工过程进行研究。

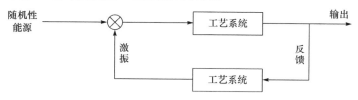

图 4-1　再生颤振原理图

从 20 世纪 70 年代起，由于模态分析技术的不断进步与应用，国内外学者研究出了应用于频域内的多质量和自由度的等效系统模型，但是，绝大部分的试验分析对象都是两个平移的坐标。Smith 和 Tlusty 两位学者将铣削加工系统等效为弹性-质量-阻尼系统,根据该系统来建立数学模型,这种模型至今依然普遍应用。随后,很多学者都在该模型的基础上深入地探索和拓展了铣削加工的机理。对比之下,尽管一些非线性因素会对加工系统的振动产生一定的影响,但非线性系统数学模型建立极其困难,模型在数学运算中也难以实现,而且机械系统动态结构线性不变的假设基本成立,因此非线性模型依然很少应用于铣削加工中。对于插铣而言,Ko 等建立了用于扩孔加工的插铣过程时域仿真模型,并在其中考虑了扭矩的作用。Damir 等也针对扩孔开发了一个新模型来研究刚性和柔性工件的插铣动力学系统,用于预测插铣加工的切削力和振动,而对于间断插铣加工工艺研究还较少。

　　本章根据插铣轴向进给的特点,建立空间坐标内互相垂直的三自由度动力学模型;根据再生颤振原理,考虑径向振动和轴向振动对切削厚度的影响,建立动态切削厚度模型;对大长径比下的插铣加工系统进行试验模态分析,获取系统的模态参数;利用 MATLAB 编程求解动力学微分方程,实现插铣加工过程的时域仿真。

4.1　插铣加工过程动力学建模

　　对于普通立铣、面铣等铣削加工而言,其通常都沿 X、Y 平面进给,刀具受力主要为切向力和径向力,轴向力一般忽略不计,因此建立的动力学模型一般为二自由度模型。对于插铣加工而言,由于其沿轴向进给,不仅受到切向力和径向力,轴向力一般也很大,不能忽略其影响,且插铣切削厚度也是在轴向计算的,轴向振动直接影响着切削厚度。因此,以插铣加工的主轴-刀具系统作为研究对象,将插铣刀具看作柔性的,工件看作刚性的,则刀具及其约束形式可以简化为三个互相垂直的弹性-质量-阻尼系统(图 4-2),插铣加工系统动力学微分方程的表达式如下:

$$M_x \ddot{x}(t) + C_x \dot{x}(t) + K_x x(t) = \sum_{i=0}^{N-1} F_{xi} = F_x(t)$$

$$M_y \ddot{y}(t) + C_y \dot{y}(t) + K_y y(t) = \sum_{i=0}^{N-1} F_{yi} = F_y(t) \tag{4-1}$$

$$M_z \ddot{z}(t) + C_z \dot{z}(t) + K_z z(t) = \sum_{i=0}^{N-1} F_{zi} = F_z(t)$$

式中,$\ddot{x}(t)$、$\ddot{y}(t)$、$\ddot{z}(t)$、$\dot{x}(t)$、$\dot{y}(t)$、$\dot{z}(t)$、$x(t)$、$y(t)$、$z(t)$ 分别为插铣主轴-刀具系统在空间坐标系中 X、Y、Z 方向的振动加速度、振动速度、振动位移;M_x、M_y、M_z、C_x、C_y、C_z、K_x、K_y、K_z 分别为插铣加工系统在 X、Y、Z 方向的模态质量、模态阻尼、模态刚度。

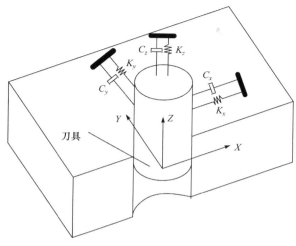

图 4-2　三自由度插铣振动模型

4.2　插铣瞬时切削厚度模型

Montgomery 和 Altintas 通过离散时间开发了动态铣削的精确动力学模型，该模型精确地预测了在铣削加工中的再生振动的切削厚度，本书在其理论的基础上建立了考虑横向(X、Y 方向)振动以及轴向(Z 方向)振动的再生切削厚度模型，通过计算刀具中心点坐标位置变换来确定其切削厚度。

在铣削过程中，铣削力引起刀具振动，使工件表面发生变化，刀齿切削的切削厚度不仅受到刀具振动影响，还会受到前一刀齿在相同位置所产生的振动痕迹的影响。如图 4-3 所示，随着时间的推移，动态切削厚度随时间的变化而变化，

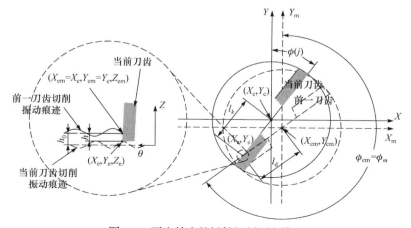

图 4-3　再生效应的插铣切削厚度模型

图中反映了由当前和前一个刀齿在工件表面产生的振动痕迹。图中，(X_c, Y_c) 是当前刀具切削到某一位置中心的坐标，(X_{cm}, Y_{cm}) 是前一刀齿切削到该位置的中心坐标，l_k 为当前刀齿中心到切削点的距离，l_d 为前一刀齿中心到切削点的距离，ϕ_m 是当前刀齿切削刃上 k 单元和前一刀齿切削时中心坐标的连线与 Y 轴的角度，ϕ_{em} 是前一刀齿在当前位置切削时的角度，h_0 为进给量(即静态切削厚度)，h 为刀齿实际切削厚度。

4.2.1　刀具轴向振动对切削厚度的影响

对于三轴插铣过程，由于其沿轴向做进给运动，其轴向振动较大，对刀具切削厚度影响也较大，所以要对轴向切削厚度进行建模。在铣削过程中，当前切削刃和前一个切削刃在同一位置($X_e = X_{em}, Y_e = Y_{em}$)时，动态切削厚度为当前刀齿轴向坐标 Z_e 与前一刀齿轴向坐标 Z_{em} 的差。切削刃单元位置(X_{em}, Y_{em}, Z_{em})、(X_e, Y_e, Z_e) 通过当前刀齿中心位置(X_c, Y_c, Z_c) 和前一刀齿的刀具中心位置(X_{cm}, Y_{cm}, Z_{cm}) 以及刀具几何参数来计算。随着刀具旋转角度或时间的改变，刀具中心位置被改变，并存储到矩阵中，通过这种方法来计算轴向动态切削厚度。

当刀具刀齿旋转到某一位置时，X、Y 方向振动的作用，使当前刀齿切削的刀具中心位置与前一刀齿切削时的中心位置可能出现不重合的情况。当刀具中心位置点重合时，正在切削的刀齿切削刃与前一刀齿在当前角度切削时的切削刃共线，刀具的瞬时切削厚度数值就是轴向位置的变化，这时 $h_z(i,j) = Z_e - Z_{em}$。当刀具中心位置不重合时，刀具当前刀齿的切削刃与前一刀齿在当前角度切削时的切削刃不共线，成一个角度，可以令 $\phi_e = \phi_{em}$，使两次切削时的刀齿在同一直线上，从而计算得到动态切削厚度。下面具体介绍求解过程。

首先，将 j_m 初始为刀具前一刀齿的角度位置索引数，以便计算刀具旋转后的前一刀齿角度位置：

$$j_m = j - m j_p, \quad m = 1, 2 \cdots \tag{4-2}$$

式中，$j_p = \phi_p / \Delta\phi$，$\Delta\phi$ 为刀具旋转离散的时间所对应的角度；m 为前一个刀齿旋转周期索引数。

前一刀齿切削刀具中心位置($X_{cm}, Y_{cm}, Z_{cm}, \theta_{cm}$) 根据 j_m 来确定，当前刀齿切削刃与前一刀齿切削刃上单元位置和前一刀齿切削中心位置的角度为

$$\phi_e = \arctan\left(\frac{X_e - X_{cm}}{Y_e - Y_{cm}}\right) \tag{4-3}$$

$$\phi_{em} = i_{prev}\phi_p + \theta_{cm} \tag{4-4}$$

式中，i_{prev} 为 $i + m / N$ 的余数，是用来计算前一切削刃角度位置的齿的索引数。

因此，X、Y 方向振动引起的刀具当前切削刃切削位置与前一刀齿切削刃在当前切削位置的角度差为

$$\phi_v = \phi_e - \phi_{em} \tag{4-5}$$

若 ϕ_v 为零，则上一次切削与当前切削的切削刃重合；若 ϕ_v 不为零，则 j_m 应修改为式(4-6)，使 ϕ_v 变为零。

$$j_m = j_m + \frac{\phi_v}{\Delta\phi} \tag{4-6}$$

动态切削厚度是 ϕ_v 为零时在轴向计算的。当前切削刃 k 单元位置与刀具中心位置如下：

$$\begin{aligned}
X_e &= X_c + r_k \sin\phi(j,i) \\
Y_e &= Y_c + r_k \cos\phi(j,i) \\
Z_e &= Z_c + (r_k - l)\tan\psi_r
\end{aligned} \tag{4-7}$$

式中，X_c、Y_c、Z_c 由时间、每齿进给量以及振动位移获得。前一刀齿的轴向位置如下：

$$Z_{em} = Z_{cm} + l_d \tan\psi_r \tag{4-8}$$

$$l_d = \sqrt{(X_e - X_{cm})^2 + (Y_e - Y_{cm})^2} \tag{4-9}$$

因此，轴向的动态切削厚度可计算为

$$h_m(i,j,k,m) = Z_{em} - Z_e \tag{4-10}$$

在前一刀齿不同的旋转周期中，当前刀齿与前一刀齿作用下可能产生多个动态切削厚度，取最小值作为当前刀齿的动态切削厚度。若动态切削厚度小于零，则认为刀具跳出工件，因而可得

$$h_z(i,j,k) = \max[0, \min(h_m(i,j,k,m))] \tag{4-11}$$

4.2.2 刀具径向振动对切削厚度的影响

根据 Altintas 等所建立的插铣动力学时域模型，对于插铣刀具而言，由于其主偏角的作用，X、Y 方向的振动也会给插铣动态切削厚度带来一定的影响。如图 4-4 所示，假设 X、Y 方向的当前刀齿与前一刀齿振动位移的差为 Δx 和 Δy，刀具切削刃转角为 $\phi(j,i)$，造成的 X、Y 方向的瞬时切削厚度分别为 h_x 和 h_y，如式(4-12)所示：

$$\begin{cases}
h_x = \Delta x \sin\phi(j,i)\tan\psi_r \\
h_y = \Delta y \cos\phi(j,i)\tan\psi_r
\end{cases} \tag{4-12}$$

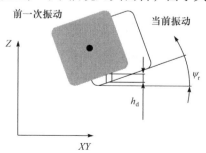

图 4-4　刀具径向振动对切削厚度的影响

因此，插铣刀具总的瞬时切削厚度为

$$h_d(j,i) = g(j,i)(h_z + h_x + h_y) \tag{4-13}$$

式中，$g(j,i)$ 为单位阶跃函数，可用来判定插铣刀具的刀齿是否参与切削。

4.3　大长径比插铣加工系统的模态试验

4.3.1　试验模态分析

模态分析是近代发明的一种用于研究结构动力学特性的有效手段。模态分析通常由理论分析和试验分析两种方法组成。一般情况下，通过对机床-刀具系统进行力锤冲击试验，采集冲击力信号与加工系统响应信号并进行快速傅里叶变换(FFT)分析，可以获得加工系统的频响函数。在此基础上，还可以利用多项式拟合的方法对获得工艺系统的频响函数进行拟合，获取更准确的工艺系统模态参数。这些频响函数或模态参数是进行插铣加工时域仿真和颤振稳定性预测所必需的。

试验和理论模态分析是一对相反的过程。具体包括以下几个步骤：首先，用力锤冲击系统获得冲击力和系统振动响应的时域信号，运用数采系统分析计算结构的频响函数(即传递函数的频率表示形式)；然后，利用模态参数识别方法求取结构的模态参数；最后，如果有需求，可以继续求得系统的模态质量、模态阻尼以及模态刚度。

试验结构的支撑条件主要有三种：一是自由支撑，是指刚度和阻尼都很低的支撑，鉴于完全自由的约束条件很难达到，因此应尽可能地使用柔软的支撑；二是固定支撑，又称为刚性支撑，是指结构承受刚性约束的情形，要求支撑具有较大的刚度和质量，常用于高层建筑、大坝的模型试验中；三是原装支撑，也是应用最广泛的支撑。在实验室试验中，要尽量模拟现场的安装条件。对于数控机床的试验模态分析，应采用原装支撑进行，因此本书也通过将刀具安装到机床上进行机床-刀具系统的模态试验。

4.3.2　插铣加工系统模态试验

模态试验采用人工激励的方法，将插铣刀具装夹在加工中心上，加速度传感器粘贴在刀具尽量靠近刀尖的位置，与电荷放大器连接，通过冲击力锤对刀具施加冲击力，产生瞬态激励信号和响应信号，经由 DH5922 数采系统收集冲击力和加速度时域信号，并通过模态识别得到插铣刀具加工系统的模态参数。模态试验原理图如图 4-5 所示。

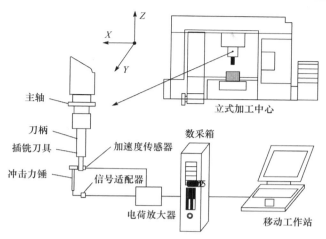

图 4-5　模态试验原理图

　　冲击力锤帽头材质不同，有效激振频率范围也不同，因此要使用符合条件的帽头对插铣刀具进行激励，使系统的主模态参数都被激发出来。对于一般铣削加工系统，最高频率在 2000Hz 左右，为了获取更广的频响函数，选取铝帽作为冲击力锤帽头对刀具进行激励。模态试验所用设备/仪器如表 4-1 所示。

表 4-1　模态试验所用设备/仪器

设备/仪器	型号及性能
冲击力锤	东华脉冲力锤
PCB 加速度传感器	灵敏度为 10.42mV/g
数据采集分析系统	DH5922 数采系统
计算机	数采专用台式机

插铣模态试验现场如图 4-6 所示。

图 4-6　插铣模态试验现场图

在模态试验过程中，力与响应波形效果好坏判断方法一致，波形分为触发部分和非触发部分，响应信号的触发部分必须只有一个脉冲响应信号并伴随着短暂的衰减，响应信号非触发部分必须为一条直线，并且幅值为零，即与零轴重合。试验过程中要观察力信号与响应信号间的相干系数，并且信号间相干系数的值应大于 0.8，这样获取的频响函数才是有效的。模态试验的激励方法很多，对插铣加工系统采用多点敲击单点拾振的方法来获得激励和响应信号，在插铣刀具刀柄和刀头上均匀分布多个点，一次敲击后获取多个频响函数，并通过正交多项式识别法处理系统频响函数。

模态阶数理论上有无限多个，而在实际切削加工过程中，振动的能量都集中在前几阶固有频率上。对于插铣而言，其模态分布比较分散，因此本书只取前两阶模态参数，如表 4-2 所示。

表 4-2　插铣系统模态参数表

刀具方向	阶次	固有频率/Hz	阻尼比	刚度/(N/m)
X	1	684	0.039	3.74×10^6
	2	1363	0.021	6.6×10^6
Y	1	711	0.032	4.1×10^6
	2	1386	0.025	7.8×10^6
Z	1	402	0.013	1.01×10^7
	2	1132	0.021	3.3×10^7

4.4　插铣加工过程动力学时域仿真

在插铣加工系统动力学微分方程(4-1)中，由于插铣加工时的铣削力是离散的变量，不能用一个简单的数学公式进行表示，传统的解析方法显然无法对此类插铣动力学微分方程进行求解，并且一旦因为系统振动导致某个刀齿未能参与切削，使其铣削力为零，插铣加工系统将出现非线性特征。这时，最有效的手段是利用数值计算的方式求解本书的插铣动力学微分方程。用数值方法求解插铣动力学微分方程时，将时间区间分成多个小时间段，选取每个小时间段将连续性的数学问题离散化，选取时间区间上的一系列离散时间点的插铣铣削力，将其离散时间节点处的近似值作为方程的解。常见的数值方法有：基于数值微分的 Euler 法、改进的 Euler 法、显式 Runge-Kutta 法、Simpson 法以及 Adams 法等。其中基于数值微分的 Euler 法是一阶的，公式比较简单，但求解精度较差；Simpson 法属于多步方法求解，其收敛性及稳定性都较好，但计算过程中的误差较大；显式 Runge-Kutta 法的表达式具有一般性，是高精度的单步求解方法，尤其是四阶 Runge-Kutta 法，在求解加工系统动力学微分方程时有较好的收敛性及稳定性，并且误差也较小，国内外学者在研究动力学问题时也通常采用这种方法；Adams 法属于线性多步方法，以插值逼近代替被积函数来求解，尽管收敛性较好、误差较小，但稳定性不如 Simpson 法和 Runge-Kutta 法。因此，本书采用 Runge-Kutta 法对插铣过程动力学微分方程进行数值求解，下面介绍具体方法。

在对微分方程进行求解时，用离散值 t_j 替代连续时间变量值 t，依据已知的初始条件对微分方程按时间增量 $dt = \Delta t$ 求解。虽然求得的不是实际值，但只要时间间隔足够小，同样能得到满意的结果。

以式(4-1)中 X 方向上的微分方程为例，有

$$\ddot{x} = \frac{1}{M_x}\left(F_x(t) - K_x x - C_x \dot{x}\right) \tag{4-14}$$

其初值 x_0 和 $\dot{x}_0$ 已知，可以得到

$$\begin{cases} x_0 = x(0) = 0 \\ \dot{x}_0 = \dot{x}(0) = 0 \end{cases} \tag{4-15}$$

根据算法将式(4-14)降阶，令 $\dot{x} = q$

$$\begin{cases} \dot{x} = q \\ \dot{q} = f(x, q, t) \end{cases} \tag{4-16}$$

利用 MATLAB 中 Ode45 函数来求解微分方程。Ode45 函数属于显式 Runge-Kutta 法并具有四阶精度，选取较小的时间间隔 dt 能够得到较精确的解，但会加大运算量和运算时间，有效的办法是选取 $dt \leqslant 2\pi/(10\omega_{n\max})$，其中 $\omega_{n\max}$ 是插铣工艺系统的最大固有频率。

从初始条件(4-15)开始，利用式(4-13)求出插铣动态切削厚度，再通过式(3-23)求出该时刻的插铣铣削力,进而由式(4-14)求解出下一时刻各方向的振动位移和速度，以此类推，就可以得到插铣工艺系统的时域解。插铣加工过程时域仿真流程如图 4-7 所示。

选择几组参数对插铣过程进行时域仿真，研究插铣的加工过程。仿真所用插铣刀具结构尺寸参数与第 2 章相同，每齿进给量 $f_z = 0.06\text{mm/z}$，仿真所需的铣削力系数见表 3-3,模态参数见表 4-2。选择三组参数分别为：第一组插铣参数为 $a_e = 1\text{mm}$，$n = 3000\text{r/min}$；第二组插铣参数为 $a_e = 1.7\text{mm}$，$n = 3000\text{r/min}$；第三组插铣参数为 $a_e = 1\text{mm}$，$n = 3500\text{r/min}$。仿真结果如图 4-8～图 4-10 所示。

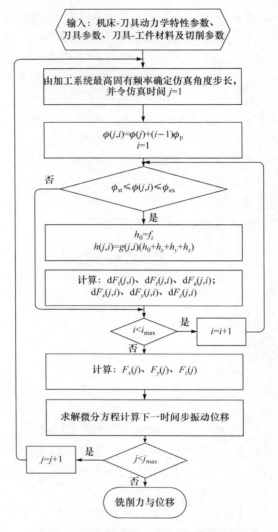

图 4-7　考虑再生作用的动态仿真流程图

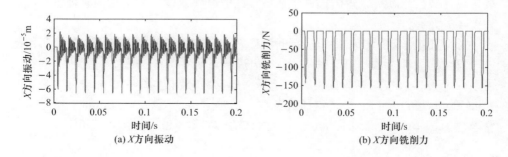

(a) X 方向振动　　　　　　　　　　　　　(b) X 方向铣削力

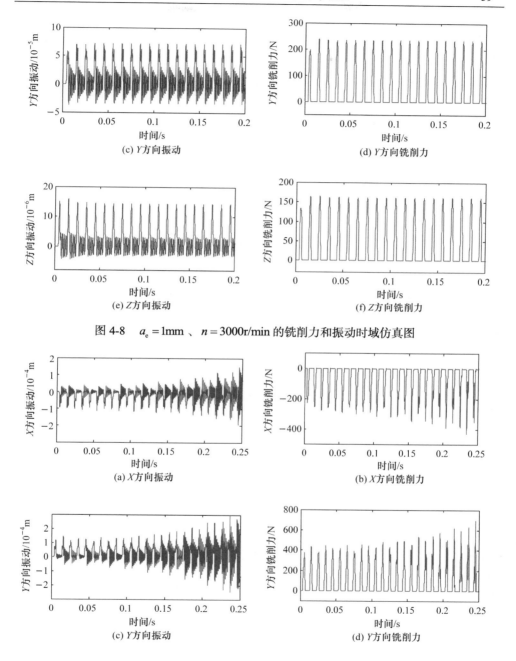

(c) Y方向振动

(d) Y方向铣削力

(e) Z方向振动

(f) Z方向铣削力

图 4-8　$a_e = 1\text{mm}$ 、 $n = 3000\text{r/min}$ 的铣削力和振动时域仿真图

(a) X方向振动

(b) X方向铣削力

(c) Y方向振动

(d) Y方向铣削力

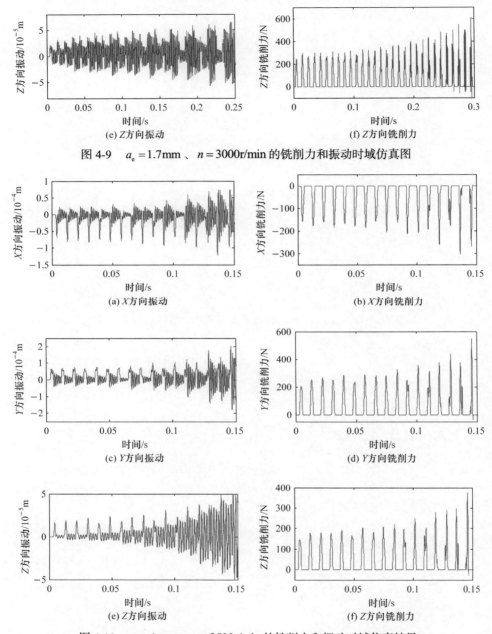

(e) Z方向振动

(f) Z方向铣削力

图 4-9　　$a_e = 1.7\text{mm}$ 、 $n = 3000\text{r/min}$ 的铣削力和振动时域仿真图

(a) X方向振动

(b) X方向铣削力

(c) Y方向振动

(d) Y方向铣削力

(e) Z方向振动

(f) Z方向铣削力

图 4-10　　$a_e = 1\text{mm}$ 、 $n = 3500\text{r/min}$ 的铣削力和振动时域仿真结果

从图 4-8~图 4-10 可以看出，第一组参数铣削稳定，铣削力与振动位移呈规律的周期性变化，振动对铣削力数值影响不大，振纹内外表面相位同步，切削厚

度能保持均匀，不易发生颤振；当选择第二组参数与第三组参数仿真时，由于振纹间相位不同步，发生再生效应，切削厚度不能保持均匀，发生颤振。

4.5　本 章 小 结

(1) 对插铣加工过程建立了三自由度动力学模型以及考虑再生效应的切削厚度模型，研究了插铣加工中各方向振动对切削厚度的影响。

(2) 利用试验模态分析得到了大长径比插铣加工系统的模态参数。

(3) 基于再生颤振理论在 MATLAB 环境下利用 Ode45 函数对插铣动力学微分方程进行数值求解，选取几组插铣参数进行了时域仿真，实现了对插铣加工过程颤振的仿真和预测。

第5章 插铣加工稳定性研究

为了对大长径比下的 Cr13 不锈钢插铣加工参数进行优化,保证插铣加工过程的稳定性,必须采取可行有效的方法对插铣稳定性进行正确的判定及预测。目前对于切削颤振稳定性进行分析预测的方法主要分为数值法和解析法(或半解析法),其中解析法又分为单频率法(ZOA 法)、多频率法、时域有限元分析法(TFEA 法)、半离散法以及全离散法等。对于插铣加工稳定性而言,单频率法可以对插铣的扩孔加工过程进行稳定性预测,Damir 等建立的轴向插铣动态时域模型也是对插铣扩孔加工刚性工件和柔性工件进行稳定性预测,采用数值法可以对间断插铣加工稳定性进行预测,但需采用的评定指标较多且通常计算量很大,误差往往也较大。在插铣加工工艺中,扩孔的工艺应用较少,更多应用的是间断插铣工艺,单频率法需给定径向切削深度,对铣削力系数矩阵做傅里叶零阶展开,但对于单侧插铣而言,不同的径向切削深度时切入角和切出角是不同的,因此,虽然单频率法计算速度快、应用范围最广,但无法对单侧插铣加工稳定性进行求解,所以本书选取半离散时域方法对插铣加工稳定性进行预测。

5.1 半离散时域法

静态切削厚度与再生效应无关,在稳定性分析过程中可以省略,于是得到只考虑动态切削厚度的时滞延迟微分方程:

$$
\begin{bmatrix} \ddot{x}(t) \\ \ddot{y}(t) \\ \ddot{z}(t) \end{bmatrix} + \begin{bmatrix} 2\zeta_x \omega_{nx} & 0 & 0 \\ 0 & 2\zeta_y \omega_{ny} & 0 \\ 0 & 0 & 2\zeta_z \omega_{nz} \end{bmatrix} \begin{bmatrix} \dot{x}(t) \\ \dot{y}(t) \\ \dot{z}(t) \end{bmatrix} + \begin{bmatrix} \omega_{nx}^2 & 0 & 0 \\ 0 & \omega_{ny}^2 & 0 \\ 0 & 0 & \omega_{nz}^2 \end{bmatrix} \begin{bmatrix} x(t) \\ y(t) \\ z(t) \end{bmatrix}
$$

$$
= \left(R - \frac{R - a_e}{\sin \phi_i(t)} \right) \begin{bmatrix} \dfrac{\omega_{nx}^2}{k_x} & 0 & 0 \\ 0 & \dfrac{\omega_{ny}^2}{k_y} & 0 \\ 0 & 0 & \dfrac{\omega_{nz}^2}{k_z} \end{bmatrix} \begin{bmatrix} h_{xx}(t) & h_{xy}(t) & h_{xz}(t) \\ h_{yx}(t) & h_{yy}(t) & h_{yz}(t) \\ h_{zx}(t) & h_{zy}(t) & h_{zz}(t) \end{bmatrix} \begin{bmatrix} x(t) - x(t-T) \\ y(t) - y(t-T) \\ z(t) - z(t-T) \end{bmatrix} \quad (5\text{-}1)
$$

式中，ζ_i 为插铣加工系统的阻尼比；ω_{ni} 为插铣加工系统的固有频率；k_i 为插铣加工系统的刚度；h_{ij} 为时变的插铣铣削力系数；$i,j=x,y,z$；R 为刀具半径；a_e 为径向切削深度。

$$
\begin{cases}
h_{xx}(t) = \sum_{i=1}^{N} -g(\phi_i(t))\sin\phi_i(t)(K_t\cos\phi_i(t) + K_r\sin\phi_i(t))\tan\psi \\[2mm]
h_{xy}(t) = \sum_{i=1}^{N} -g(\phi_i(t))\cos\phi_i(t)(K_t\cos\phi_i(t) + K_r\sin\phi_i(t))\tan\psi \\[2mm]
h_{xz}(t) = \sum_{i=1}^{N} -g(\phi_i(t))(K_t\cos\phi_i(t) + K_r\sin\phi_i(t)) \\[2mm]
h_{yx}(t) = \sum_{i=1}^{N} g(\phi_i(t))\sin\phi_i(t)(K_t\sin\phi_i(t) - K_r\cos\phi_i(t))\tan\psi \\[2mm]
h_{yy}(t) = \sum_{i=1}^{N} g(\phi_i(t))\cos\phi_i(t)(K_t\sin\phi_i(t) - K_r\cos\phi_i(t))\tan\psi \\[2mm]
h_{yz}(t) = \sum_{i=1}^{N} g(\phi_i(t))(K_t\sin\phi_i(t) - K_r\cos\phi_i(t)) \\[2mm]
h_{zx}(t) = \sum_{i=1}^{N} g(\phi_i(t))\sin\phi_i(t)K_a\tan\psi \\[2mm]
h_{zy}(t) = \sum_{i=1}^{N} g(\phi_i(t))\cos\phi_i(t)K_a\tan\psi \\[2mm]
h_{zz}(t) = \sum_{i=1}^{N} g(\phi_i(t))K_a
\end{cases}
\tag{5-2}
$$

式中，K_t、K_r 和 K_a 分别为插铣加工的线性化切向、径向和轴向切削力系数；$\phi_i(t)$ 为插铣刀具的第 i 个刀齿转角：

$$
\phi_i(t) = (2\pi n/60)t - (i-1)\cdot 2\pi/N \tag{5-3}
$$

函数 $g(\phi_i(t))$ 定义为

$$
\begin{cases}
g(\phi_i(t)) = 1, & \phi_{st} \leqslant \phi_i(t) \leqslant \phi_{ex} \\
g(\phi_i(t)) = 0, & \phi_i(t) < \phi_{st} \text{ 或 } \phi_i(t) > \phi_{ex}
\end{cases}
\tag{5-4}
$$

式中，ϕ_{st} 和 ϕ_{ex} 分别为插铣加工刀齿的切入角和切出角。

将式(5-1)写成一阶形式有

$$
\{\dot{q}(t)\} = [L(t)]\{q(t)\} + [R(t)]\{q(t-T)\} \tag{5-5}
$$

式中

$$
[L(t)] = \begin{bmatrix} [0] & [I] \\ a_e[M]^{-1}[A(t)] - [\omega_n^2] & -[2\zeta\omega_n] \end{bmatrix}, \quad [R(t)] = \begin{bmatrix} [0] & [0] \\ \delta[M]^{-1}[A(t)] & [0] \end{bmatrix}
$$

$$\{q(t)\} = \{x(t), y(t), z(t), \dot{x}(t), \dot{y}(t), \dot{z}(t)\}^{\mathrm{T}}$$

$$[A(t)] = \begin{bmatrix} a_{xx}(t) & a_{xy}(t) & a_{xz}(t) \\ a_{yx}(t) & a_{yy}(t) & a_{yz}(t) \\ a_{zx}(t) & a_{zy}(t) & a_{zz}(t) \end{bmatrix}, \quad [M]^{-1} = \begin{bmatrix} \dfrac{\omega_{nx}^2}{k_x} & 0 & 0 \\ 0 & \dfrac{\omega_{ny}^2}{k_y} & 0 \\ 0 & 0 & \dfrac{\omega_{nz}^2}{k_z} \end{bmatrix}$$

$$[2\zeta\omega_n] = \begin{bmatrix} 2\zeta_x\omega_{nx} & 0 & 0 \\ 0 & 2\zeta_y\omega_{ny} & 0 \\ 0 & 0 & 2\zeta_z\omega_{nz} \end{bmatrix}, \quad [\omega_n^2] = \begin{bmatrix} \omega_{nx}^2 & 0 & 0 \\ 0 & \omega_{ny}^2 & 0 \\ 0 & 0 & \omega_{nz}^2 \end{bmatrix}$$

如图 5-1 所示，将插铣加工系统的延迟时间周期 T 分割成 m 个离散的时间间隔 Δt，即 $T = m\Delta t$。如果可以用 $\{q_i\}$ 表示当前 t_i 时刻的 $\{q(t_i)\}$ 值，那么可得到 $\{q(t_i - T)\} = \{q(i-m)\Delta t\} = \{q_{i-m}\}$。当采样间隔 Δt 相当小时，$\{q(t_i - T)\}$ 可近似用两个相邻采样点的平均值表示为

$$\{q(t-T)\} \approx \left\{ q\left(t_i + \frac{\Delta t}{2} - T \right) \right\} \approx \frac{\{q(t_i - T + \Delta t)\} + \{q(t_i - T)\}}{2}$$

$$= \frac{\{q_{i-m+1}\} + \{q_{i-m}\}}{2} \rightarrow t \in [t_i, t_{i+1}] \tag{5-6}$$

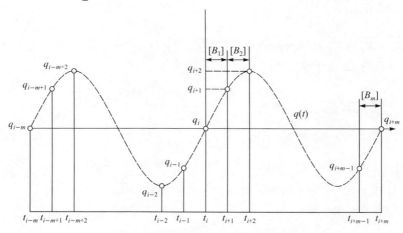

图 5-1　周期信号的离散化

由式(5-6)表示的插铣系统动力学微分方程可改写为

$$\{\dot{q}(t)\} = [L_i]\{q_i(t)\} + \frac{1}{2}[R_i](\{q_{i-m+1}\} + \{q_{i-m}\}) \tag{5-7}$$

设采样间隔为 Δt，系统的动力学微分方程 $\{q(t)\}$ 的解由通解 $\{q_{Hi}(t)\}$ 和特解 $\{q_{Pi}(t)\}$ 构成：

$$\{\dot{q}_i(t)\} = \{q_{Hi}(t)\} + \{q_{Pi}(t)\} \tag{5-8}$$

通解可表示为

$$\{\dot{q}_{Hi}(t)\} = [L_i]\{q_{Hi}(t)\} \rightarrow \{q_{Pi}(t)\} = \exp([L_i](t-t_i))\{C_0\} \tag{5-9}$$

式中，$\{C_0\}$ 由初始条件确定。特解可表示为

$$\{\dot{q}_{Pi}(t)\} = [L_i]\{q_{Pi}(t)\} + \frac{1}{2}[R_i](\{q_{i-m+1}\} + \{q_{i-m}\})$$

$$\{\dot{q}_{Pi}(t)\} = \exp([L_i](t-t_i))\{u(t)\} = -\frac{1}{2}[L_i]^{-1}[R_i](\{q_{i-m+1}\} + \{q_{i-m}\}) \tag{5-10}$$

系统的完整解为

$$\{\dot{q}_i(t)\} = \{q_{Hi}(t)\} + \{q_{Pi}(t)\}$$

$$= \exp([L_i](t-t_i))\{C_0\} - \frac{1}{2}[L_i]^{-1}[R_i](\{q_{i-m+1}\} + \{q_{i-m}\}) \tag{5-11}$$

当 $t = t_i$ 时，有

$$\{\dot{q}_i\} = \{C_0\} - \frac{1}{2}[L_i]^{-1}[R_i](\{q_{i-m+1}\} + \{q_{i-m}\}) \rightarrow \{C_0\}$$

$$= \{q_i\} + \frac{1}{2}[L_i]^{-1}[R_i](\{q_{i-m+1}\} + \{q_{i-m}\}) \tag{5-12}$$

由于上述方程的解在离散时间的间隔 $\Delta t = t_{i+1} - t_i$ 内有效，所以当 $t = t_{i+1}$ 时可得到如下关系：

$$\{\dot{q}_{i+1}\} = \exp([L_i]\Delta t)\{q_i\} + \frac{1}{2}(\exp([L_i]\Delta t) - [I])\,[L_i]^{-1}[R_i]\,(\{q_{i-m+1}\} + \{q_{i-m}\}) \tag{5-13}$$

方程在求解时需要使用当前值 $\{q_i\}$，一个延迟前的值（$\{q_{i-m}\}$, $\{q_{i-m+1}\}$）。方程的解可表示为

$$\{z_{i+1}\} = [B_i]\{z_i\} \tag{5-14}$$

式中

$$\{z_i\} = \left\{ \begin{array}{c} \{q_i\} \\ \{q_{i-1}\} \\ \{q_{i-2}\} \\ \vdots \\ \{q_{i-m+1}\} \\ \{q_{i-m}\} \end{array} \right\}_{3(m+1)\times 1}$$

$$
[B_i] = \begin{bmatrix}
e^{[L_i]\Delta t} & [0] & \cdots & [0] & \frac{1}{2}(e^{[L_i]\Delta t} - [I])[L_i]^{-1} & \frac{1}{2}(e^{[L_i]\Delta t} - [I])[L_i]^{-1}[R_i] \\
[I] & [0] & \cdots & [0] & [0] & [0] \\
[0] & [I] & \cdots & [0] & [0] & [0] \\
\vdots & \vdots & \vdots & \vdots & \vdots & \vdots \\
[0] & [0] & \cdots & [I] & [0] & [0] \\
[0] & [0] & \cdots & [0] & [I] & [0]
\end{bmatrix}
$$

应注意方向力系数矩阵 $[A(t)]$ 的数值在每个采样时刻都是不同的，由于状态矩阵 $[L(t)]$ 和 $[R(t)]$ 都依赖于 $[A(t)]$，通过以时间间隔 Δt 对迭代方程进行求解就可以对时变的插铣过程进行仿真。由于插铣加工过程以刀齿切削间隔时间 T 呈周期性变化，所以只需在切削周期的 m 个离散点处对动力学方程进行求解即可。

在插铣刀齿切削周期 T 内，按照式(5-15)求得 m 个离散的时间间隔处的表达式，就可以确定插铣加工系统的稳定性：

$$\{z_{i+m}\} = \{\varphi\}\{z_i\} = [B_m]\cdots[B_2][B_1]\{z_i\} \tag{5-15}$$

根据 Floquet 理论，求得插铣加工系统传递矩阵的特征值，如果插铣加工系统传递矩阵有一个特征值的模大于 1，则插铣加工线性周期系统不稳定；如果其模等于 1，则插铣加工系统临界稳定；如果插铣系统传递矩阵所有特征值的模均小于1，则插铣加工系统稳定。

5.2　Cr13 不锈钢插铣加工稳定性分析

依据颤振稳定域求解方法，分别导入插铣加工工艺系统 X、Y、Z 方向的固有频率、阻尼比、刚度等参数，工件系统在仿真时被设定为刚性，并基于半离散法即可得到插铣加工过程颤振稳定性极限图。刀具选择山高插铣刀具(R217.79-1020.RE-09-2AN)，齿数为 2，山高刀柄(E3424 5820 10185)，刀具装夹悬伸量为220mm。工件材料选取 Cr13 不锈钢，其插铣铣削力系数为：$K_t = 3848.4\text{N/mm}^2$，$K_r = 1960.9\text{N/mm}^2$，$K_a = 2550.4\text{N/mm}^2$。对于模态参数，考虑到二阶及以上模态对系统影响已经微乎其微，所以选取模态参数为：$\omega_{nx} = 684\text{Hz}$，$\omega_{ny} = 711\text{Hz}$，$\omega_{nz} = 402\text{Hz}$，$\zeta_x = 0.039$，$\zeta_y = 0.032$，$\zeta_z = 0.013$，$k_x = 3.74\times10^6\text{N/m}$，$k_y = 4.1\times10^6\text{N/m}$，$k_z = 1.01\times10^7\text{N/m}$。插铣加工每齿进给量为 0.06mm/z，计算参数选取 $m = 40$。对于立铣等加工而言，需先给定径向切削深度，只需计算一次切入角和切出角，其切削力系数矩阵是周期变化的，后续计算过程中无须重新计算。而对于插铣而言，因其径向切削深度改变会导致切入角和切出角改变，所以需对每一转速下的不同径向切削深度时的切入角和切出角重新计算，得到该径向切削深度的切削力系数矩阵，进而进行判稳。因此，通过 MATLAB 仿真可得到插铣加工颤振稳定性叶瓣图，如图 5-2 所示。

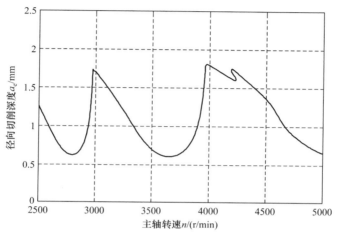

图 5-2　插铣加工颤振稳定域

通过分析图 5-2 颤振稳定域可得，当主轴转速在 2800～3250r/min 与 3800～4800r/min 范围时，存在两个稳定区域较大的颤振稳定性叶瓣，而在主轴转速 3800～4800r/min 区间稳定区域更为宽阔，并且主轴转速更高，在其他切削参数相同的条件下，该区域可以获得更高的切削速度，因此可将此稳定区域范围内的加工参数作为插铣加工的首选参数，以达到提高加工效率的目的。

5.3　插铣刀具动态特性对加工稳定性的影响

插铣加工系统的动态特性对插铣加工过程的颤振稳定性产生着重要的影响，对模态参数进行分析，有助于在加工过程中达到提高加工效率的目的。而在实际研究中，插铣颤振稳定域与插铣加工工艺系统模态参数之间并没有给出具体的显示关系，因此本书通过 MATLAB 对不同模态参数下的插铣颤振稳定域进行仿真研究，得出插铣工艺系统模态参数与插铣颤振稳定域的关系；在仿真研究中采用控制变量法，即每次只改变工艺系统中的一种模态参数，其余模态参数均保持不变，并且要保证在相同的加工参数下进行仿真；此外，考虑到插铣铣削力的激励频率大小，第二阶模态及以上的振动模态受激振力的影响已经微乎其微，所以只考虑一阶工艺系统模态对插铣加工稳定性的影响。

5.3.1　插铣系统刚度对加工稳定性的影响

刀具选择山高插铣刀具(R217.79-1020.RE-09-2AN)，山高刀柄(E3424 5820 10185)，工件材料仍选取 Cr13 不锈钢，插铣铣削力系数参照表 5-1(本章后续如不进行特别说明，仍采用上述参数)，插铣加工每齿进给量为 0.06mm/z，固有频率与阻尼比采用表 4-2 中参数，通过改变刚度进行仿真。仿真选取的刚度参数如表 5-1 所示。

表 5-1　刚度参数的选取

仿真序号	刚度/(N/m)		
	k_x	k_y	k_z
1	3.74×10^6	4.1×10^6	1×10^7
2	4.0205×10^6	4.4075×10^6	1.075×10^7
3	4.301×10^6	4.715×10^6	1.15×10^7

通过仿真得到不同刚度下的插铣加工稳定域如图 5-3 所示。分析不同刚度下的稳定域曲线可得，当插铣加工系统的刚度增加时，其临界径向切削深度也随之增大，插铣加工稳定性曲线整体向上移，横向坐标位置无明显改变，并且插铣加工的稳定区域范围也随之增大。因此，插铣加工系统刚度的增大有利于提高插铣加工稳定性。考虑到本书研究背景为大长径比的插铣加工，插铣刀具长径比直接影响插铣系统的刚度，刀具长径比越小则刚度越大，所以尽可能地减小插铣加工的长径比将有利于加工，以获取更大的稳定切削区域。

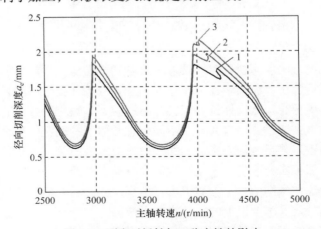

图 5-3　刚度对插铣加工稳定性的影响

5.3.2　插铣系统固有频率对加工稳定性的影响

在研究插铣加工系统固有频率对插铣加工稳定性的影响时，保持系统的阻尼比和刚度不变，通过仿真来获得不同固有频率下的稳定性曲线，研究系统固有频率对插铣加工稳定域的影响。仿真选取的固有频率参数如表 5-2 所示。

表 5-2　固有频率的选取

仿真序号	固有频率/Hz		
	ω_{nx}	ω_{ny}	ω_{nz}
1	684	711	402
2	694	721	412
3	704	731	422

仿真得到的插铣加工稳定域曲线如图 5-4 所示。由图可知，插铣加工系统固有频率发生变化时，插铣加工系统稳定域曲线整体向左移动或向右移动，当插铣系统的固有频率增大时，加工稳定域曲线会沿着横坐标轴向高转速方向平移，但稳定径向切削深度值的大小基本保持不变，峰值有所增加，插铣稳定域最大稳定径向切削深度相对应的主轴转速也随固有频率增大而增大。因此，在此径向切削深度下进行插铣加工可选用更高的转速，从而获得更高的材料去除率，提高加工效率。

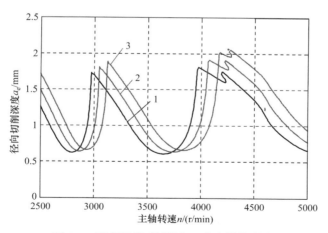

图 5-4　固有频率对插铣加工稳定性的影响

5.3.3　插铣系统阻尼比对加工稳定性的影响

保持插铣加工系统的固有频率与刚度不变，改变插铣系统的阻尼比，通过仿真得出不同阻尼比下的插铣稳定性曲线，分析系统阻尼比对插铣加工系统稳定域的影响。仿真选取的阻尼比参数如表 5-3 所示。

表 5-3　阻尼比参数的选取

仿真序号	阻尼比		
	ζ_x	ζ_y	ζ_z
1	0.039	0.036	0.013
2	0.044	0.041	0.018
3	0.049	0.046	0.023

通过对表 5-3 中参数进行仿真得到的插铣加工稳定性曲线如图 5-5 所示。由图可知，当插铣加工系统的阻尼比大小发生变化时，插铣稳定性叶瓣图随着阻尼比的改变上下移动。稳定性叶瓣图的波峰和波谷所处的水平方向位置没有发生明显的变化。插铣稳定径向切削深度会随着阻尼比的增大而增大，整个插铣稳定区域变大，其中稳定性叶瓣图中波谷曲线增大的幅度比较大，虽然叶瓣图波峰值也有所增大，但其增加的幅度相较于波谷比较小，这样也会使插铣稳定性叶瓣图的峰谷比随着阻尼比的增大而减小。

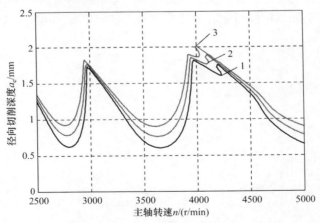

图 5-5　阻尼比对插铣加工稳定性的影响

5.4　Cr13 不锈钢插铣加工过程稳定性试验

试验在大连 VDL-1000E 型立式加工中心上进行，所使用的测力仪型号为 Kistler9257B，加速度信号使用 PCB 加速度传感器采集，其灵敏度为 10.42mV/g。

刀具选择山高插铣刀具(R217.79-1020.RE-09-2AN)，山高刀柄(E3424 5820 10185)，工件材料选取 Cr13 不锈钢。插铣加工过程试验装置与加速度传感器，以及安装位置如图 5-6 所示。

图 5-6　插铣加工试验

插铣加工试验所使用的数据采集分析系统为东华 DH5922 的信号采集系统，系统的采样频率为 5kHz。加工参数为每齿进给量 $f_z = 0.06\text{mm/z}$。

在图 5-7 中选取 A(4000r/min,1.6mm)、B(4000r/min,1.2mm)、C(3500r/min, 1.2mm)、D(3250r/min,1.2mm)四个参数点进行插铣试验。插铣试验时避开上一次切削区域，避免上次切削对当前切削的影响。

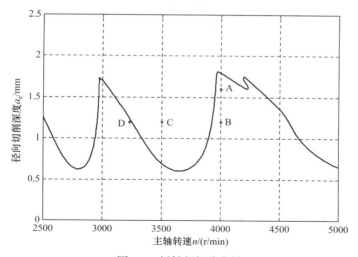

图 5-7　插铣颤振稳定域

选取 A(4000r/min,1.6mm)、B(4000r/min,1.2mm)、C(3500r/min,1.2mm)、D(3250r/min,1.2mm)四个参数点，分别进行插铣加工试验，所采集的时域加速度振动信号及其频谱分析结果如图 5-8 所示。

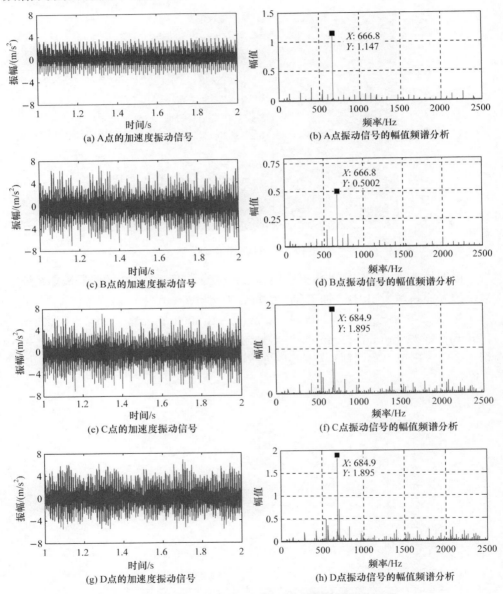

图 5-8　A、B、C、D 点的振动信号及幅值频谱图

由图 5-8 可知,当以 A(4000r/min,1.6mm)和 B(4000r/min,1.2mm)两点进行插铣加工试验时,加工系统振动比较小,A 点加速度信号振幅为 4m/s² 左右,B 点加速度信号振幅为 3.4m/s² 左右。图 5-8(b)和(d)是通过傅里叶变换得到插铣振动加速度时域信号的频谱图,133.3Hz 为插铣刀齿切削频率(4000×2/60=133.3),而 666.8Hz 为刀齿谐波频率,均不是颤振频率,振动信号能量分布均匀,因而 A 点和 B 点是插铣加工的平稳参数,属于无颤振稳定的插铣情况。

以 C(3500r/min,1.2mm)和 D(3250r/min,1.2mm)两点进行插铣加工试验,所得到的刀具加速度时域信号的振动振幅分别达到 7.04m/s² 和 6.84m/s²,振幅大约是 B 点的 2 倍。通过傅里叶变换发现,C 和 D 两点的频谱图除了刀齿切削频率及谐波频率外,分别有峰值处于 684.9Hz 和 684.4Hz 两处频率,这两个频率明显为加工颤振频率,且在插铣加工系统固有频率 684Hz 附近能量大量集中,能量分布不均匀,因此该处插铣加工发生颤振。

在图 5-7"主轴转速-径向切削深度"切削参数平面上选取的四个加工参数点中,A 点和 B 点插铣过程时域加速度信号平稳,频谱分析中无颤振频率,而 C 点和 D 点插铣过程时域加速度信号波动较大,频谱分析中均触发颤振频率。其中插铣加工参数点 A、B 和 C 均很好地完成了插铣颤振稳定域预测,但 D 点预测结果与试验验证有所偏差,属于非稳定插铣参数。这是由于插铣加工系统是一个非常复杂的系统,各种因素彼此耦合均会对插铣加工稳定性造成不同程度的影响,本书所建立的动态力模型以及所采用的数学方法不可能考虑到全部的影响因素,因而插铣颤振稳定域预测会存在一定的误差,但这些误差处于所允许的范围内。靠近插铣颤振稳定域临界参数(如 D 点)的预测可能会存在一定的误差,因此在选择插铣加工参数时应尽可能选择颤振稳定域中较宽阔的区域,并且尽量远离临界曲线附近的参数,这样就可以获得较稳定的插铣加工参数,进而优化插铣加工。

5.5　颤振过程的分析方法

插铣加工系统的非线性(非线性阻尼和刚度)、切削过程的非线性往往使机械系统产生非线性振动、切削状态的突变性,时域分析方法对复杂的非线性系统的处理能力比较差,所以引入非线性参数,如最大李雅普诺夫指数、Poincare 映射及相平面图等分析方法,对插铣加工过程颤振稳定性进行分析研究。

5.5.1　最大李雅普诺夫指数

最大李雅普诺夫指数是表示在初始时刻的两个无限接近的点随时间演变而分离的特征指数,被应用为混沌运动理论的特征参量,表示相轨迹的最大发散的程度，或对初始时刻值的最大的敏感程度。

设变径向切削深度插铣振动时域信号 $x_1, x_2, \cdots, x_N$ (单变量时间序列)，其中 N 是时间序列的总数，基于 Packed 等研究的时间延迟思想，能够重新构建出所观察到的动力学系统的相空间。基于这个思想，对时间序列进行相空间重构，得到重构的轨迹 X ，表示为

$$X = [X_1, X_2, \cdots, X_M]^{\mathrm{T}} \tag{5-16}$$

式中，M 为相空间重构后轨迹点的个数；$X_i(i=1,2,\cdots,m)$ 为铣削振动系统在间断时间点 i 的状态，它可以表示为

$$X_i = [x_i, x_{i+\tau}, \cdots, x_{i+(m-1)\tau}]^{\mathrm{T}} \tag{5-17}$$

式中，τ 为时间延迟；m 为嵌入维数，其中 $M = N-(m-1)\tau$ 。将重构的相空间 X 进行分段，共分为 n 段：$[X_1, X_2, \cdots, X_T], [X_{T+1}, X_{T+2}, \cdots, X_{2T}], \cdots, [X_{(n-1)T+1}, X_{(n-1)T+2}, \cdots, X_{nT}]$ 。其中每段的长度 $T = M/n$ ，称为演化时间。

取初始点 X_1 ，寻找其最近邻点 X_1' ，其距离为 $L_1 = \|X_1 - X_1'\|$ ，式中 $\|\cdot\|$ 表示欧几里得范数。经过演化时间 T 后，距离变为 $L_1' = \|X_{1+T} - X_{1'+T}\|$ 。寻找 X_{1+T} 的最近邻点 $X_{(1+T)'}$ ，得到距离 L_2 ，经过演化时间 T 后，距离为 L_2' 。依此类推，最大李雅普诺夫为

$$\lambda = \frac{1}{M\Delta t} \sum_{i=1}^{n} \lg \frac{L_i'}{L_i} \tag{5-18}$$

式中，Δt 为采样时间间隔。

在不同的相空间维数下，对插铣铣削振动信号进行分析计算进而研究不同加工参数下的插铣铣削颤振稳定性。

5.5.2　Poincare 映射和相平面图

为了更清晰地描述插铣系统的振动形态，利用 Poincare 映射对振动信号进行分析。其计算原理为，将铣削振动信号每间隔一个时间段提取一次数据，若铣削系统稳定，信号呈现周期变化，则绘制出的 Poincare 映射图上看到的是单一的不动点，如果振动信号是二倍周期的，则 Poincare 映射是两个不动点，同理，N 个周期得到也将是 N 个不动点。若铣削发生颤振，振动时域信号变化剧烈，则 Poincare 映射图中看到的将是位置分散离散点。

振动系统的轨迹投影在相空间上的投影曲线形成了像平面图。对于某一铣削系统，相平面图变为以下几种状态：铣削振动信号周期为 1 时，相平面图中为一条封闭的曲线，同理铣削系统为 N 时，对应着 N 条封闭曲线，当铣削振动信号稳定时，曲线形状规律，当铣削振动信号呈现颤振特征时曲线将演变得杂乱无章。

5.6　Cr13 不锈钢插铣加工试验

针对大长径比下的插铣加工系统进行插铣加工试验,插铣试验机床、测力仪、PCB 加速度传感器及数据采集卡同第 4 章,试验刀具仍为直径 20mm 的插铣刀具,装夹悬伸量为 220mm。图 5-9 为插铣试验系统及测试装置具体情况。

图 5-9　变切削深度插铣加工试验

采用变径向切削深度定转速的方式进行试验，即保证切削速度，连续改变径向切削深度，使切削过程由稳定区域进入不稳定区域，从而可以得出 Cr13 不锈钢插铣加工的稳定区域与不稳定区域。插铣加工系统主轴转速从 2500r/min 到 5000r/min，径向切削深度从 0.2mm 到 2.4mm，每齿进给量为 0.06mm/z，具体插铣试验参数选取如图 5-10 所示。插铣试验时每一转速下的加工参数作为一组试

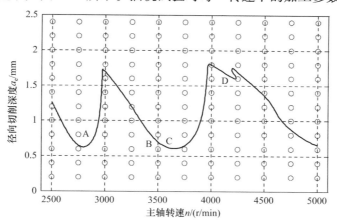

图 5-10　插铣颤振稳定域图

○-插铣加工参数点

验，下一组试验进行前对工件进行造模，使每组试验切削部分尺寸相同，这样可以尽量保持每组试验条件的一致性。这里共进行 11 组试验。

对图 5-10 选取的加工参数进行插铣加工试验。图 5-11 分别是 A(2750r/min, 0.8mm)、B(3500r/min,0.6mm)、C(3500r/min,0.8mm)及 D(4250r/min,1.6mm)的插铣加工系统的时域振动加速度信号及其相平面图、Poincare 截面图及振动加速度信号频谱分析的仿真结果。

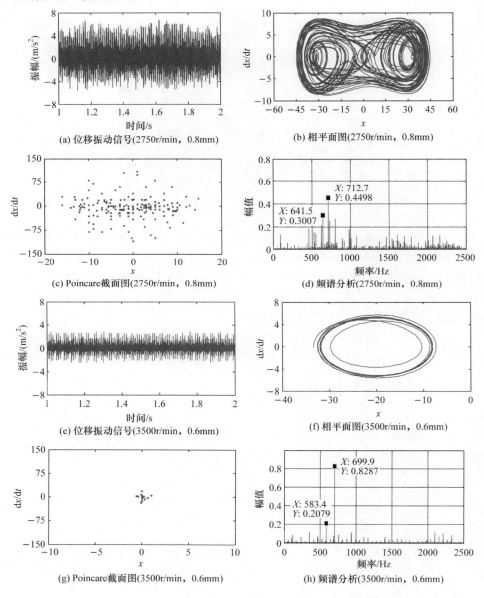

(a) 位移振动信号(2750r/min，0.8mm)

(b) 相平面图(2750r/min，0.8mm)

(c) Poincare截面图(2750r/min，0.8mm)

(d) 频谱分析(2750r/min，0.8mm)

(e) 位移振动信号(3500r/min，0.6mm)

(f) 相平面图(3500r/min，0.6mm)

(g) Poincare截面图(3500r/min，0.6mm)

(h) 频谱分析(3500r/min，0.6mm)

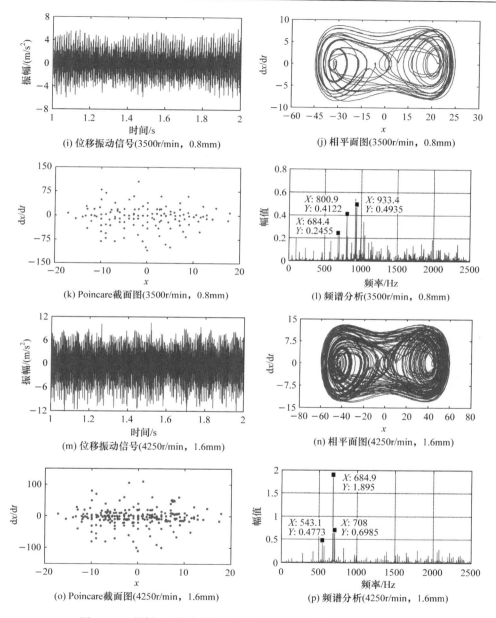

(i) 位移振动信号(3500r/min，0.8mm)

(j) 相平面图(3500r/min，0.8mm)

(k) Poincare截面图(3500r/min，0.8mm)

(l) 频谱分析(3500r/min，0.8mm)

(m) 位移振动信号(4250r/min，1.6mm)

(n) 相平面图(4250r/min，1.6mm)

(o) Poincare截面图(4250r/min，1.6mm)

(p) 频谱分析(4250r/min，1.6mm)

图 5-11　时域加速度及其相平面图、Poincare 截面图和频谱分析

当以 A(2750r/min, 0.8mm)点进行插铣加工试验时，其插铣时域加速度信号如图 5-11(a)所示，振动幅值为 6.5m/s^2 左右。从相平面图(图 5-11(b))可知，工件的振动响应逐渐发散为多条曲线且没有规律，而 Poincare 截面图(图 5-11(c))中的点也变

得分布不均，此插铣加工参数下的最大李雅普诺夫指数(嵌入维数等于2)为 0.615；对插铣振动信号进行傅里叶变换(图 5-11(d))发现，峰值不仅处于刀齿切削频率及谐波频率 641.5Hz 附近，而且能量有向刀具结构频率 711Hz 及谐波频率附近积聚的趋势，因此使用该处加工参数进行插铣试验时发生了颤振的非稳定切削。

当以 B(3500r/min, 0.6mm)点进行插铣加工试验时，其插铣时域加速度振动信号如图 5-11(e)所示，其幅值为 3.5m/s² 左右。将振动信号进行傅里叶变换后发现，能量在刀齿切削频率 116.67Hz(3500×2/60=116.67)及谐波频率 583.3Hz、699.9Hz 附近，且能量分布也比较均匀，如图 5-11(h)所示。从相平面图(图 5-11(f))可知，插铣刀具的振动响应逐渐收敛为围绕中心点的封闭曲线，而 Poincare 截面图(图 5-11(g))中的点也较集中且仅有数个点，且此插铣加工参数下的最大李雅普诺夫指数(嵌入维数等于2)为 0.306，符合稳定切削的条件，因此该点插铣加工参数是稳定切削参数。

当以 C(3500r/min, 0.8mm)点进行插铣加工试验时，加速度振动信号如图 5-11(i)所示，插铣加工系统发生轻微颤振，其加速度的振动幅值在 5.9m/s² 左右。从相平面图(图 5-11(j))可知，工件的振动响应逐渐发散为多条曲线，整个相平面图比较混乱，而 Poincare 截面图(图 5-11(k))中的点也分布不均，对该插铣参数的加速度振动信号进行最大李雅普诺夫指数(嵌入维数等于2)计算，其值为 0.609。经傅里叶变换后得到的频谱如图 5-11(l)所示，发现峰值不仅处于刀齿切削频率 116.67Hz(3500×2/60=116.67)及谐波频率 933.4Hz 附近，而且能量向刀具结构频率 684.4Hz 及谐波频率 800.9Hz 附近积聚，因此该插铣参数发生颤振，处于非稳定切削状态。

当以 D(4250r/min, 1.6mm)点进行插铣加工试验时，加速度振动信号如图 5-11(m)所示，插铣刀具出现了明显振动，最大振幅甚至达到 12m/s² 左右。其相平面图(图 5-11(n))杂乱无章，而 Poincare 截面图(图 5-11(o))中的点也变得发散，且此插铣参数下的最大李雅普诺夫指数(嵌入维数等于2)为 0.611。对振动加速度信号进行傅里叶变换后发现频率不仅处于刀齿切削频率 141.67Hz(4250×2/60=141.67)及其谐波频率 708Hz 附近，而且能量大量向刀具结构频率 684.4Hz 及谐波频率 543.1Hz 处积聚，如图 5-11(p)所示，符合颤振不稳定切削情况。

5.7　基于李雅普诺夫指数的插铣加工过程稳定性预测

对所有的插铣试验参数的振动加速度信号计算其最大李雅普诺夫指数(嵌入维数等于2)，其不同径向切削深度与最大李雅普诺夫指数曲线关系如图 5-12 所示。由图可以看出，在每一转速下随着插铣径向切削深度的变化，其对应的最大李雅普诺夫指数也在变化，而最大李雅普诺夫指数(嵌入维数等于2)都在 0.6 附近

突然发生变化,因此可以以最大李雅普诺夫指数为标准进行插铣铣削颤振稳定性
的判定。

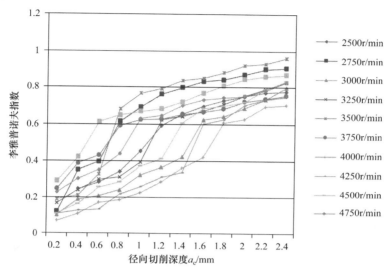

图 5-12　不同径向切削深度时的最大李雅普诺夫指数

由于插铣加工过程中影响其稳定性的主要因素为主轴转速和径向切削深度,
通过对所有插铣试验加工参数的时域振动数据计算可获得最大李雅普诺夫指数
(嵌入维数等于 2)与主轴转速和径向切削深度的变化关系,如图 5-13 所示。由图
可知,在主轴转速 3000r/min、4000r/min 左右分别存在一个李雅普诺夫指数的深
谷,选用此处加工参数易获得较好的加工质量。

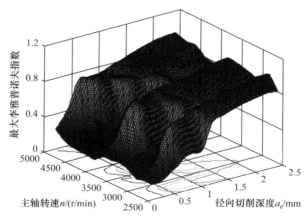

图 5-13　最大李雅普诺夫指数与主轴转速和径向切削深度的变化关系

根据图 5-13 选定的最大李雅普诺夫指数(嵌入维数等于 2)0.6 作为阈值,来判

定插铣加工参数的颤振稳定性。根据此标准确定稳态临界径向切削深度与主轴转速的关系。图 5-14 为最大李雅普诺夫指数 0.6 时的插铣加工稳定性图。

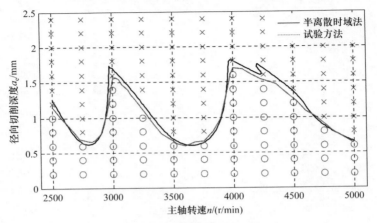

图 5-14　插铣加工试验结果

×-非稳定切削参数；○-稳定切削参数

在图 5-14 中，采用半离散时域法得到的插铣加工稳定性曲线与本书基于试验所获得的插铣加工稳定性临界曲线重合度较好，这也同时证明了此方法的有效性。本书所获得的插铣加工稳定性临界曲线低于半离散时域法曲线，这是由加工系统非常复杂且存在各种非线性因素所致。本书基于插铣试验所获得的稳定性曲线与一些加工参数的试验结果有一定的误差，出现误差的原因可能是：利用插值技术所获得的最大李雅普诺夫指数(嵌入维数等于 2)与主轴转速及铣削深度的关系图具有一定的误差。

5.8　本章小结

根据再生颤振理论，应用半离散时域法对插铣加工过程中的插铣加工稳定性进行了研究，得到以下研究结果：

(1) 基于再生颤振理论，推导出了适用于插铣的动力学模型，并基于半离散时域法对插铣加工稳定性进行了预测，得出影响插铣系统加工稳定性的主要因素为插铣加工系统模态参数和插铣加工参数。

(2) 研究了插铣加工系统的动态特性对稳定域的影响，表明较大的刚度、阻尼比和固有频率有利于切削过程的稳定，但在影响程度上存在差异；而基于本书而言，大悬伸量意味着较低的刚度，所以在满足加工需求的条件下，应尽可能地减小悬伸量有利于插铣加工的稳定性。

第6章　刀具偏心时插铣加工过程误差分析

6.1　插铣刀具偏心跳动模型

刀具偏心使同一个刀齿上不同切削刃所受的切削力不同，严重影响刀具的使用寿命、工件精度和加工效率。造成刀具偏心的因素很多，主要为安装误差和制造误差。在以往的研究中得到刀具偏心随着切削速度的增加而增加，所以刀具偏心在加工中一定要加以控制。常见的铣削刀具偏心跳动大致分为：①刀具的回转中心平行于刀具的几何中心；②刀具的回转中心与刀具的几何中心同一个平面内成特定的夹角；③刀具的回转中心与刀具的几何中心在空间成一定夹角。

由相关文献可知，刀具的偏心参数对于铣削力的预测影响很小，所以在铣削力预测时只需考虑刀具偏心量和刀具偏心角。在插铣过程中由于进给方向在 Z 方向上，且刚度很大，所以对于插铣运动只需考虑偏心的第一类。由试验可知，插铣刀具采取的是双刃且径向切削深度非常小，所以在切削材料时一直是单切削刃在切削。插铣过程偏心示意图如图 6-1 所示。

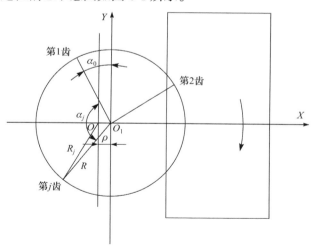

图 6-1　插铣过程偏心示意图

图 6-1 中，O_1 为插铣刀具无偏心时的旋转中心，O 为插铣刀具偏心时的旋转半径，直线 O_1O 表示的是偏心量，α_0 为第 1 个刀齿的偏心角，α_j 为第 j 个刀齿与

偏心方向之间的夹角，R 为插铣刀具的半径，R_j 为第 j 个插铣刀刃实际转动半径。由图中的结构可知，插铣刀具瞬时参与切削的切削刃长 $a(\phi(j,i))$ 为

$$a(\phi(j,i)) \approx R - \frac{R-a}{\sin\phi(j,i)} + R_j - R_{j-1} \tag{6-1}$$

式中，j 为插铣刀具的切削刃编号；a 为插铣刀具在无偏心时参与切削的切削刃长。

$$\alpha_j = \alpha_0 + \pi \times j \tag{6-2}$$

由图中的几何关系可知，刀具无偏心时的刀具半径 R 与有偏心时的刀具半径 R_j 的近似关系为

$$R_j \approx R + \rho\cos\alpha_j \tag{6-3}$$

把式(6-2)和式(6-3)代入式(6-1)可得，插铣刀具切削时的瞬时切削宽度为

$$a(\phi(j,i)) \approx R - \frac{R-a}{\sin\phi(j,i)} + 2\rho\sin\frac{\pi}{2}\sin\left[\left(\alpha_0 - \frac{3}{2}\pi\right) + \pi \times j\right] \tag{6-4}$$

偏心参数的辨识是通过计算在刀具切入工件到切削力达到峰值的过程，识别这个过程中每个切削刃的峰值，然后在 MATLAB 中的 cftool 工具箱中利用自定义函数的属性，来拟合这个过程中切削力与切削齿的关系。

6.1.1　偏心参数识别模型的建立

每个刀齿上的三个方向上的力与有偏心时的参与切削的切削刃长有关，即

$$F_x(j) = -K_t ha(\phi(j,i))\cos\phi(j,i) - K_r ha(\phi(j,i))\sin\phi(j,i)$$
$$F_y(j) = K_t ha(\phi(j,i))\sin\phi(j,i) - K_r ha(\phi(j,i))\cos\phi(j,i) \tag{6-5}$$
$$F_z(j) = K_a ha(\phi(j,i))$$

在每个刀齿上的切削力 $F_总$ 为

$$F_总 = \sqrt{F_x(j)^2 + F_y(j)^2 + F_z(j)^2} \tag{6-6}$$

把式(6-5)代入式(6-6)中，可以得到

$$F_总 = Kha(\phi(j,i)) \tag{6-7}$$

式中，$K = \sqrt{K_t^2 + K_r^2 + K_a^2}$。

由分析可知，对于某一方向上的力，其实为两个力的加和，这两个力分别为：①无偏心时插铣刀具的切削力；②因偏心而增加的力。因此，可以把切削力简化为

$$F_总(\theta_j) = C(\theta_j) + A\sin(\phi + \pi j), \quad \theta_j \in [0, \beta] \tag{6-8}$$

其中

$$C(\theta_j) = \left(R - \frac{R-a}{\sin\phi_j}\right)Kh$$

$$\alpha_0 = \varphi + \frac{3\pi}{2}$$

$$A = 2K\rho h \sin\frac{\pi}{2}$$

6.1.2　铣刀偏心尺寸估算方法

由于偏心量 ρ 的值远远小于插铣刀具的半径，可以假设每个刀齿在达到峰值的过程中主轴的旋转角度 θ_j 都是相同的，其值约等于 β：

$$F(\beta) = C(\beta) + A\sin(\varphi + \pi j) \tag{6-9}$$

$$\beta = \arccos\left(\frac{R-a}{R}\right) \tag{6-10}$$

在不同的切削参数下，所得各齿上力的峰值力如表 6-1 所示。

表 6-1　不同参数下的刀齿峰值力

序号	转速/(r/min)	每齿进给量/(mm/z)	径向切削深度/mm	1 齿峰值力/N	2 齿峰值力/N
1	2000	0.03	1	775	643
2	2000	0.04	1	864	709
3	2000	0.05	1	933	803
4	2000	0.06	1	1044	912
5	2000	0.04	0.4	480	373
6	2000	0.04	0.8	780	623
7	2000	0.04	1.2	1077	927
8	2000	0.04	1	1302	1184

把测力仪所测三个方向的力的数据导入 MATLAB 中，读取不同刀齿在不同方向上的加工阶段的峰值，计算每个刀齿在插铣过程中的合力，利用 MATLAB 进行拟合，得到每组试验的偏心参数，结果如表 6-2 所示。

表 6-2　不同试验下的偏心参数

序号	偏心量 ρ/mm	偏心角 α_0/(°)
1	0.012	15
2	0.011	12
3	0.009	14
4	0.013	13
5	0.007	11
6	0.008	12
7	0.014	14
8	0.009	10

求得的偏心量和偏心角差别都不是很大，所以取 8 组试验的平均值作为本次试验的偏心参数，ρ 为 0.0104mm，α_0 为 12°。

6.2　基于偏心插铣过程的刀具稳定性分析

通过有关分析得到切削系统的固有属性：模态阻尼、模态刚度、模态质量，以及随转速、每齿进给量、径向切削深度变化而变化的动态切削力系数。获得上述参数后结合三自由度的半离散法，得到在插铣不锈钢材料下的稳定性叶瓣图 (图 6-2 和图 6-3)，该叶瓣图是在离散步数为 50 时得到的(根据收敛性)。

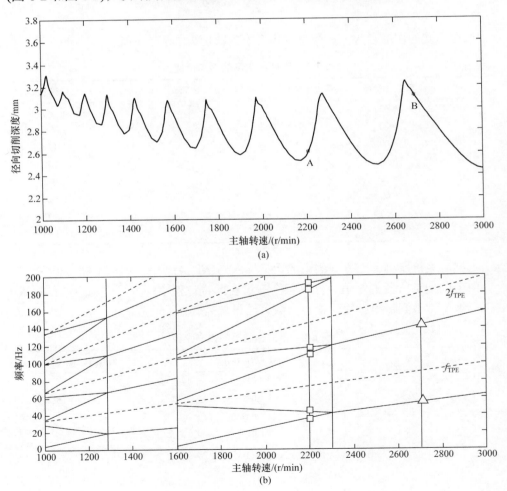

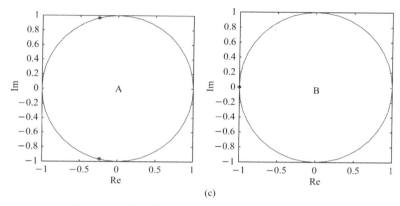

(c)

图 6-2   不考虑偏心插铣过程的稳定域及分叉频率

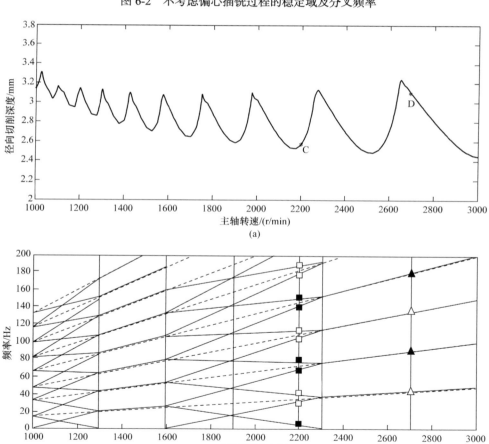

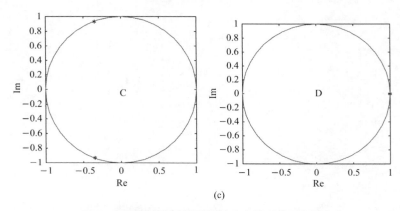

(c)

图 6-3　考虑偏心插铣过程的稳定域及分叉频率

对比图 6-2 和图 6-3 可以清楚地看出，偏心对稳定域边界没有影响，但是对颤振频率有影响。齿数对颤振频率有影响，这是因为偏心的存在使得齿的循环周期发生变化。本书中插铣刀具为 2 齿，通过对比 A 点和 C 点，以及对比 B 点和 D 点可以清楚地看到分叉频率在考虑偏心时与不考虑偏心时的循环增加了一倍。在图 6-3 中，白色方框和三角是由于偏心产生的分叉频率。

6.3　插铣加工刀具参数对稳定性的影响

在插铣加工过程中刀具参数对于切削过程的稳定性有着至关重要的作用。影响切削稳定性的刀具几何参数包括悬伸量、刀齿数和螺旋角。刀具悬伸量对插铣稳定性的影响如图 6-4 所示，刀具悬伸量的选取如表 6-3 所示。尽管在颤振稳定

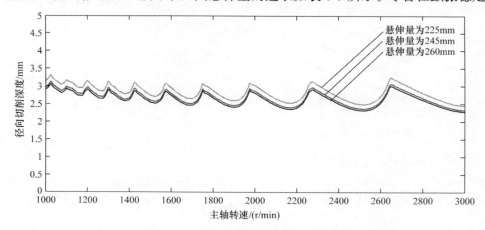

图 6-4　刀具悬伸量对插铣稳定性的影响

表 6-3　刀具悬伸量的选取

序号	1	2	3
悬伸量/mm	225	245	260

性的模型中没有涉及刀具悬伸量这个因素，但是随着刀具悬伸量的增加，刀尖处的刚度将显著降低，这样对应的颤振稳定性叶瓣图中的稳定性区域将显著减小。

6.3.1　插铣刀具齿数对稳定性的影响

插铣刀具齿数的选取如表 6-4 所示。由图 6-5 可以得出，随着刀齿数的增加，极限径向切削深度逐渐减小，并且插铣稳定性叶瓣图向左平移。这说明在插铣工件时，刀齿数少的要比刀齿数多的更稳定。

表 6-4　插铣刀具齿数的选取

序号	1	2	3
刀齿数	2	3	4

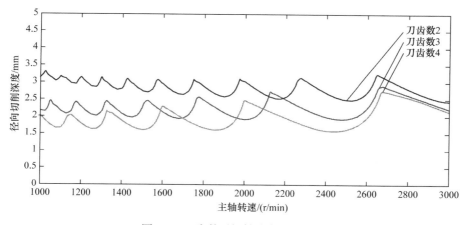

图 6-5　刀齿数对插铣稳定性的影响

6.3.2　螺旋角对稳定性的影响

在插铣中螺旋角的作用是把 X、Y 方向上的振动转化到 Z 方向，因此螺旋角的大小对插铣过程中的稳定性具有一定的影响。本书选择了三个螺旋角的数值(表 6-5)来研究螺旋角对稳定域的影响。由图 6-6 可以看出，随着螺旋角的增大，插铣过程中的稳定域边界逐步上升。

表 6-5　螺旋角的选取

序号	1	2	3
螺旋角/(°)	4	7	10

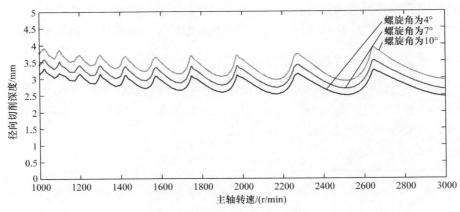

图 6-6　螺旋角对插铣稳定性的影响

6.4　插铣过程稳定性试验验证

为了验证插铣过程中稳定性边界的正确性，本节选择了几组参数，来辨识切削过程中刀具的切削力和加速度。通过分析刀具的切削力和加速度来判断切削过程是否稳定。插铣稳定性叶瓣图如图 6-7 所示。所取的三维参数分别为：A(n=1600r/min,

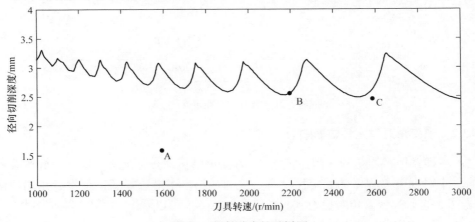

图 6-7　插铣稳定性叶瓣图

a_e=1.6mm, f_z=0.07mm/z), B(n=2200r/min, a_e=2.6mm, f_z=0.04mm/z), C(n=2600r/min, a_e=2.5mm, f_z=0.04mm/z)。

由图 6-8(a)和(b)可以看出，此参数下的振动幅值较小，频谱分析幅值最大处对应的频率是刀齿通过频率的高次谐波，所以此时的切削是稳定切削。由图 6-8(c)～(f)可以看出，此参数下的振动幅值较大，频谱分析幅值最大处对应的频率接近于 Y 方向上的固有频率，所以此时的切削是颤振切削。在用半离散法求解稳定边界时，得到在 B 点切削是稳定切削，与试验结果不符，其中的原因可能是：①在仿真时没有考虑过程阻尼；②没有考虑机床因素对切削过程的影响。

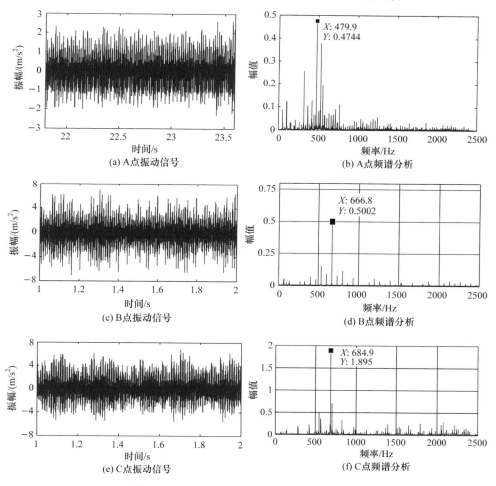

图 6-8　A、B、C 三点的振动以及频谱分析

6.5　表面位置误差形成

在切削过程中，有很多原因能够造成加工工件表面的位置误差，其中的因素既包含切削系统的主轴几何误差以及刀具和工件的安装误差，又包含来自在切削稳定性条件下的因素：①刀具-工件在静止自然状态下的变形；②切削系统受外力激励下产生强迫振动。在本节中主要研究强迫振动所引起的表面位置误差。

表面位置误差就是实际加工表面与理论加工表面之间的差值。对于插铣而言，是指在 X、Y 方向上实际加工表面与理论加工表面的差值。由 6.1 节建立的插铣模型(图 6-1)可知，所研究的表面位置误差是在 X 方向上，如图 6-9 所示。

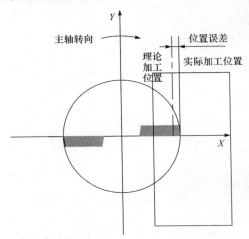

图 6-9　位置误差示意图

作用在刀齿上的切向力 F_t、径向力 F_r 和轴向力 F_a 的表达式为

$$
\begin{aligned}
F_t &= K_t a_e h \\
F_r &= K_r a_e h \\
F_a &= K_a a_e h
\end{aligned}
\tag{6-11}
$$

由图 6-9 可知，表面位置误差是在 X 方向形成的，因此本书研究的位置误差是由 X 方向上的力造成的。

$$
F_x(\phi) = -F_t \cos\phi - F_r \sin\phi = f\left(R - \frac{R-a_e}{\sin\phi}\right)(-K_t \cos\phi - K_r \sin\phi)
\tag{6-12}
$$

其中

$$
\phi(t) = \frac{2\pi n}{60}t + (i-1)\frac{2\pi}{N}
$$

$$F_x(t) = f\left(R - \frac{R - a_e}{\sin(kt + m)}\right)[-K_t \cos(kt + m) - K_r \sin(kt + m)] \tag{6-13}$$

式中

$$k = \frac{2\pi n}{60}, \qquad m = (i - 1)\frac{2\pi}{N}$$

在 X 方向上的传递函数通过拉普拉斯变换，可得

$$\phi_{xx} = \sum_{i=1}^{h} \frac{\omega_{nh} / k_h}{s^2 + 2\zeta_h \omega_{nh} s + \omega_{nh}^2} \tag{6-14}$$

式中，h 为在 X 方向上的总模态参数；ω_{nh}、ζ_h、k_h 为在 h 模态下系统的固有频率、阻尼比、模态刚度。

对 X 方向的时域力进行离散傅里叶变换得到 $F(\omega)$，把拉普拉斯系数 s 用主颤振频率来表示，即

$$s = i \cdot \omega_c \tag{6-15}$$

式中，ω_c 为颤振频率。

在频域上的振动位移 $x(\omega)$ 为

$$x(\omega) = \phi_{xx}(i\omega_c) \cdot F_x(\omega) \tag{6-16}$$

在频域上的振动位移通过傅里叶的逆变换来得到时域上的刀具位移 $x(t)$。在插铣加工过程中，所切的轮廓是对称的，径向切削深度由小变大再变小，所以插铣的最大的表面位置误差就是在切削深度最大处产生的。因此，只要对切削深度最大处进行位移采样，就可以得到表面位置误差。

6.6　表面位置误差的影响因素

在前面表面位置误差形成理论分析过程中，可以清楚地知道切削参数(径向切削深度、主轴转速等)通过影响切削方向上的力从而影响表面位置误差。此外，切削系统的结构参数通过改变系统刚度、刀齿通过频率来影响表面位置误差。因此，本节从切削参数和结构参数来研究影响表面位置误差的影响规律。将 r 定义为固有频率 f_n 与刀齿通过频率 f_{TPE} 的比值：

$$r = \frac{f_n}{f_{TPE}} \tag{6-17}$$

6.6.1　主轴转速对表面位置误差的影响规律

在插铣过程中，主轴转速是通过改变刀齿通过频率来影响表面位置误差的，这是因为在刀齿通过频率与系统固有频率相同时位置误差最大，所以改变刀齿通

过频率，可以改变一定主轴转速下的刀齿通过频率与系统固有频率的比值，从而改变位置误差。图 6-10 给出了在每齿进给量为 0.08mm/z、径向切削深度为 1mm、主轴转速为 1500～2700r/min 时的表面加工位置误差。

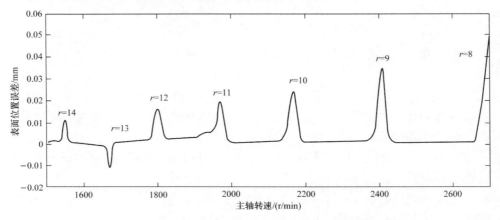

图 6-10　主轴转速对表面位置误差的影响

从图 6-10 中可以清楚地看出，在一定的主轴转速范围内，表面加工误差的数值普遍偏小，之间的数值差距也偏小，但是有几个峰值；随着 r 值的不断增大，表面位置误差也增大，在 r=8 处表面位置达到最大。

6.6.2　径向切削深度对表面位置误差的影响规律

在力的模型中，径向切削深度随着刀具的转动而改变，径向切削深度的改变能够改变三个方向上的力，进而影响表面位置误差。在稳定切削的前提下，选择的切削参数分别如下：每齿进给量为 0.1mm/z，主轴转速为 2200～2500r/min，径向切削深度为 0.5mm、1.0mm、1.5mm、2mm、2.5mm。对应的切入角和切出角可以通过以下公式得到：

$$\phi_{\text{st}} = \arcsin\left(\frac{R - a_{\text{e}}}{R}\right)$$

$$\phi_{\text{ex}} = \pi - \arcsin\left(\frac{R - a_{\text{e}}}{R}\right)$$

$$(6\text{-}18)$$

在上述情况下，仿真出在不同切削参数下的表面位置误差如图 6-11 所示。通过观察图 6-11 可以得出：①表面位置误差的最大数值出现在 r 为整数时。这是因为此时发生强迫振动，对应的响应也最大。②在径向切削深度较小时，出现的表面位置误差为正值，出现欠切现象；当径向切削深度较大时，表面位置误差数值为负值，出现过切现象。

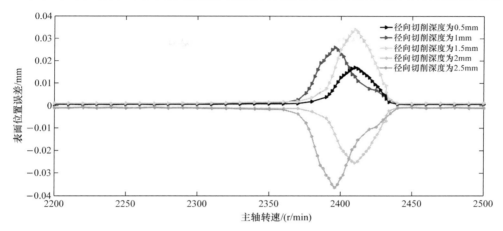

图 6-11　径向切削深度对表面位置误差的影响

在切削加工过程中，出现欠切现象可以通过后续工序来找正得到合格的工件，但是过切就不能得到合格的工件。因此，在选择切削参数时，应在满足稳定切削的条件下选择较大的径向切削深度。

6.6.3　刀齿数对表面位置误差的影响规律

刀齿数的改变能够改变刀齿的通过频率，进而影响强迫振动的共振区，最终影响工件的表面位置误差。在保证稳定切削条件下，选择的切削参数如下：径向切削深度为 1mm，进给量为 0.1mm/z。通过改变不同刀齿数，得到的表面位置误差变化规律如图 6-12 所示。

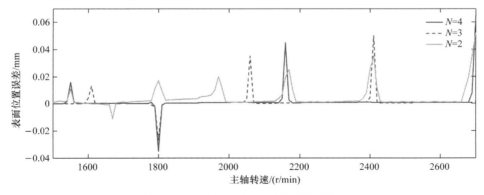

图 6-12　刀齿数对表面位置误差的影响

随着刀齿数的增加，工件的表面位置误差也相应增大，这与刀齿数对稳定性影响的规律正好相同。

6.7 插铣加工过程误差试验验证

为证明上述表面位置误差理论的正确性,本节设计插铣试验,所用的工件材料为 Cr13 不锈钢,插铣后的表面轮廓如图 6-13 所示。取切削系统的一阶固有频率(忽略其他固有频率)f_n 对应的主轴转速为 n。因为在共振区间表面位置误差更加明显,所以选择切削转速范围 n 应在 r 为整数时的附近(2200~2500r/min),每齿进给量为 0.1mm/z,轴向切削深度为 22mm,径向切削深度为 1mm。

图 6-13 插铣后表面轮廓

在选定的切削参数下,进行两次切削,利用三坐标测量机在轴向上每隔 2mm 测量一次坐标,那么在每个转速下进行 8 次测量,得到相应的坐标,测量过程如图 6-14 所示。首先用探针在平面上找准平面的基准,设置零点。通过比对当前的测量点与基准平面之间的差值来得到当前测量点的坐标位置。

(a) 三坐标测量机的整体图

(b) 三坐标局部放大图

图 6-14 三坐标测量机测试现场

去掉 8 次测量中 Y 坐标的最大值和最小值，平均其余的 Y 坐标值得到此切削参数下 Y 坐标值。表面位置误差 SLE 就是测量值 y 与理论值 y' 之差，即

$$SLE = y - y' \tag{6-19}$$

不同转速下的三向坐标如表 6-6 和图 6-15 所示。试验与仿真的表面位置误差如图 6-16 所示。

表 6-6　不同转速下的三向坐标

转速	X/mm	Y/mm	Z/mm
$n=2200$r/min	−101.3262	−179.4446	101.0012
	−101.3262	−177.4446	101.0009
	−101.3262	−175.4446	101.0013
	−101.3262	−173.4446	101.0008
	−101.3262	−171.4446	101.001
	−101.3262	−169.4446	101.0011
	−101.3262	−167.4446	101.0011
	−101.3262	−165.4446	101.009
$n=2250$r/min	−81.3262	−179.4446	101.0031
	−81.3262	−177.4446	101.003
	−81.3262	−175.4446	101.0031
	−81.3262	−173.4446	101.0032
	−81.3262	−171.4446	101.0029
	−81.3262	−169.4446	101.0033
	−81.3262	−167.4446	101.0028
	−81.3262	−165.4446	101.0031
$n=2300$r/min	−61.3262	−179.4446	101.0021
	−61.3262	−177.4446	101.002
	−61.3262	−175.4446	101.0023
	−61.3262	−173.4446	101.0021
	−61.3262	−171.4446	101.0022
	−61.3262	−169.4446	101.0023
	−61.3262	−167.4446	101.0021
	−61.3262	−165.4446	101.0022

续表

转速	X/mm	Y/mm	Z/mm
n=2350r/min	−41.3262	−179.4446	101.019
	−41.3262	−177.4446	101.02
	−41.3262	−175.4446	101.018
	−41.3262	−173.4446	101.019
	−41.3262	−171.4446	101.02
	−41.3262	−169.4446	101.017
	−41.3262	−167.4446	101.02
	−41.3262	−165.4446	101.019
n=2400r/min	−21.3262	−179.4446	101.012
	−21.3262	−177.4446	101.013
	−21.3262	−175.4446	101.011
	−21.3262	−173.4446	101.012
	−21.3262	−171.4446	101.011
	−21.3262	−169.4446	101.01
	−21.3262	−167.4446	101.011
	−21.3262	−165.4446	101.013
n=2450r/min	−1.3262	−179.4446	101.0025
	−1.3262	−177.4446	101.0029
	−1.3262	−175.4446	101.0027
	−1.3262	−173.4446	101.0024
	−1.3262	−171.4446	101.0023
	−1.3262	−169.4446	101.0021
	−1.3262	−167.4446	101.0026
	−1.3262	−165.4446	101.0024
n=2500r/min	19.3262	−179.4446	101.001
	19.3262	−177.4446	101.0009
	19.3262	−175.4446	101.001
	19.3262	−173.4446	101.00095
	19.3262	−171.4446	101.0009
	19.3262	−169.4446	101.001
	19.3262	−167.4446	101.0009
	19.3262	−165.4446	101.001

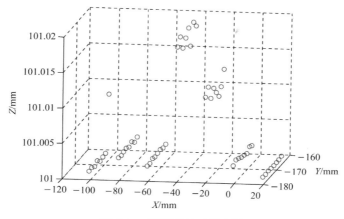

图 6-15　测试点的三维坐标

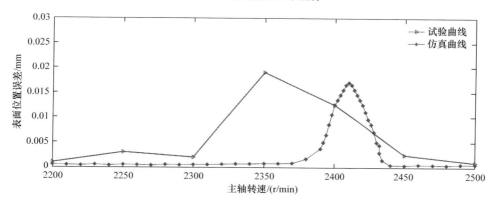

图 6-16　试验与仿真的表面位置误差

由图 6-16 可以看出，理论计算与试验测量存在一定的误差，但是表面位置误差的趋势是吻合的。造成理论分析和试验所测之间的误差的原因可能是：①在插铣试验中所选的切削速度较低，过程阻尼作用更加明显，在理论分析时并没有考虑过程阻尼造成误差；②在理论分析过程中并没有考虑机床、切削系统、工件的误差，如刀具的制造误差和安装误差等。

6.8　本　章　小　结

(1) 利用半离散法研究了插铣过程的颤振稳定性，并且考虑到偏心对插铣过程中的颤振稳定性影响，得出偏心对稳定域的边界是没有影响的，但是影响颤振频率。另外，考虑到刀具参数对稳定性的影响，得出悬伸量越大，极限切削深度越小。随着刀齿数的增加，稳定性边界下移，相对齿数少的更容易发生颤振。随着螺旋角的增大，刀齿切削的径向切削深度增大。

(2) 研究了强迫振动与表面位置误差之间的关系，给出了在稳定切削条件下，强迫振动对表面位置误差影响的作用原理，利用离散傅里叶变换和逆变换得到振动响应，进而得到表面位置误差的大小。研究了主轴转速、径向切削深度和刀齿数对表面位置误差的影响，并通过试验验证了结论。

(3) 研究了在稳定切削条件下，把求得方向上的时域力通过离散傅里叶变换得到频域上力的信号，通过频域上力的信号与此方向上的传递函数的乘积来得到此切削条件下的振动响应。通过计算在最大切削深度处的响应来得到表面位置误差。

第7章 插铣刀具在转轮水斗中的应用

随着制造行业的不断发展，整体数控加工技术应用越来越广泛，工件的三维建模技术作为数控加工的基础也不断成熟。曲线曲面造型技术作为三维建模技术的基础，其发展的快慢直接关系三维建模技术的发展进程。

B 样条与非均匀有理 B 样条是曲线曲面造型技术中主要采用的两种理论技术，它们具有精确而又强大的设计与表示曲线曲面的功能。因此，众多大型 CAD 软件普遍采纳了此技术。针对复杂的转轮水斗型面组成，以二维产品图为基础，依据 B 样条曲线曲面与非均匀有理 B 样条曲线曲面的基本原理，研究运用 UG/CAD 软件建立转轮水斗的精确三维数字模型，并对建模过程进行说明。

转轮水斗的数控编程采用计算机软件实现，目前还没有专用于转轮水斗加工的数控编程软件，但是随着 CAM 软件的发展，可以使用一些通用 CAM 软件(如 UG、CATIA、PRO/E)对转轮水斗进行整体数控加工编程。基于 UG 强大的 CAM 功能，本章运用 UG 进行转轮水斗数控加工走刀路线的规划，然后将所规划的走刀路线转换成机床能够识别的数控程序。

7.1 转轮水斗的几何建模

7.1.1 曲线曲面的基本原理

曲线曲面基本理论的形成始于 20 世纪 60 年代。许多年来，人们不断探索方便、灵活、实用的曲线曲面造型构造方法。从提出样条函数至今，曲线曲面造型经历了参数样条方法、Coons 曲面、Bezier 曲线曲面和 B 样条，形成了以有理 B 样条曲面(rational B-spline surface)参数化特征设计和隐式代数曲面(implicit algebraic surface)表示这两类方法为主体，以插值(interpolation)、拟合(fitting)、逼近(approximation)这三种手段为骨架的几何理论体系。其中，B 样条和 NURBS 方法为曲面造型技术发展中最重要的基础。

1. B 样条曲线曲面原理

B 样条凭借其在描述工件形状、设计理念上的优越性，已成为构建曲线曲面最常用的方法。因此，本书对转轮水斗的几何造型主要选取 B 样条法进行拟合。

该方法在传统描述方法(可在造型过程中进行局部控制)基础上，实现了造型过程中参数的连续性及其连接。这一成果不仅很好地解决了自由曲线曲面的造型问题，也使 B 样条法一跃成为国际工业产品几何定义的标准。

1) B 样条基函数

在贝塞尔曲线/曲面的基础上，用 B 样条基函数代替 Bernstein 基函数所构造出的曲线/曲面，称为 B 样条曲线/曲面。在单参数 t 的取值区间$[a, b]$上，取分割 $a = t_0 \leqslant t_1 \leqslant \cdots \leqslant t_n = b$ 为节点(knot)，构造 B 样条基函数：

$$\begin{cases} N_{i,0}(t) = \begin{cases} 1, & t_i \leqslant t \leqslant t_{i+1} \\ 0, & 其他 \end{cases} \\ N_{i,k}(t) = \dfrac{t - t_i}{t_{i+k} - t_i} N_{i,k-1}(t) + \dfrac{t_{i+k+1} - t}{t_{i+k+1} - t_{i+1}} N_{i+1,k-1}(t) \end{cases} \tag{7-1}$$

B 样条基函数 $N_{i,k}(t)$ 中，i 表示基函数的序号，k 表示基函数的次数。

由式(7-1)可以得出，要想确定第 i 个 k 次 B 样条基函数 $N_{i,k}(t)$，需要给出 $t_i, t_{i+1}, \cdots, t_{i+k+1}$ 共 $k+2$ 个节点。这里称区间$[t_i, t_{i+k+1}]$为 $N_{i,k}(t)$ 的支撑区间，即 $N_{i,k}(t)$ 在取值区间内不为零。

2) B 样条曲线

设有一组节点序列$\{t_i\}$$(i=0,1,2,\cdots,n+k+1)$，由其确定的 B 样条基函数 $N_{i,k}(t)$，有一顶点系列$\{V_i\}$$(i=0,1,2,\cdots,n)$构成特征多边形，将 $N_{i,k}(t)$ 与 V_i 进行线性组合，可以得出 k 次$(k+1)$阶 B 样条曲线，其方程可表示为

$$r(t) = \sum_{i=0}^{n} N_{i,k}(t) V_i \tag{7-2}$$

式中，$r(t)$为节点参数 t 的 k 次分段多项式。

3) B 样条曲面

将 B 样条的曲面方程定义成一个 $K \times L$ 的张量积：

$$r(u,w) = \sum_{i=0}^{m} \sum_{j=0}^{n} N_{i,k}(u) N_{j,l}(w) V_{i,j}, \quad 0 \leqslant u, w \leqslant 1 \tag{7-3}$$

式中，$V_{i,j}$$(i=0,1,\cdots,m; j=0,1,\cdots,n)$是$(m+1) \times (n+1)$阵列，构成一张特征网格；$N_{i,k}(u)$、$N_{j,l}(w)$分别是定义在节点矢量 $U=[u_0, u_1, \cdots, u_{m+k+1}]$ 和 $W=[w_0, w_1, \cdots, w_{m+k+1}]$上的 B 样条基函数。

4) NURBS 曲线曲面

B 样条曲线在圆弧、椭圆弧、抛物线、抛物面、圆柱面、圆锥面、圆环面等曲线曲面的设计和表示方面表现出了其卓越的优点，但对其他类型的二次曲线曲面只能做到近似表示。正是在这种背景下，NURBS 技术逐步发展并成熟起来。目前，更多的几何建模软件系统中都开始采用 NURBS 作为其主要的表示形式。

与 B 样条技术相比，NURBS 技术主要有以下优点。

(1) NURBS 既可以表示球面等二次曲面，又可以较准确地表示自由曲线、二次曲线和规则曲线等，还可以为计算机辅助设计提供一种统一的数学描述方法。

(2) NURBS 具有可以影响曲线和曲面形状的权因子，可以更加灵活方便地对形状较复杂的曲面曲线进行设计，有利于设计意图的实现。

(3) NURBS 是根据非有理 B 样条方法采用四维空间直接推广而来的，所以有理 B 样条、非有理 B 样条以及非有理贝塞尔样条的诸多性质及应用均可以推广到 NURBS 曲线及曲面。

(4) NURBS 具有较强的修改、插入节点、几何插值等处理能力。

(5) NURBS 是由非有理 B 样条形式以及有理与非有理贝塞尔形式采用合适的方法推广而来的。

2. NURBS 曲线

一条 k 次 NURBS 曲线可以表示为一分段有理多项式矢函数：

$$r(u) = \frac{\sum_{i=0}^{n} \omega_i \cdot V_i \cdot N_{i,k}(u)}{\sum_{i=0}^{n} \omega_i \cdot N_{i,k}(u)} \tag{7-4}$$

式中，$\omega_i(i=0,1,\cdots,n)$ 为相应控制多边形各顶点 $V_i(i=0,1,\cdots,n)$ 的权因子。一般约定首末权因子 $\omega_0 \geq 0$、$\omega_n \geq 0$，其余 $\omega_i > 0 (i=1,2,\cdots,n-1)$。$N_{i,k}(u)$ 是第 i 个 k 次 B 样条基函数，其定义在节点矢量 $U=[u_0,u_1,\cdots,u_{m+k+1}]$ 上。对于非周期的 NURBS 曲线，这里常将其边缘节点的重复度取值为 $k+1$，即 $u_0=u_1=\cdots=u_k, u_{n+1}=u_{n+2}=\cdots=u_{n+k+1}$，以获得类似贝塞尔曲线的端点性质。为规范起见，边缘点的值分别取 0 和 1，因此曲线的定义域为 $u \in [u_k, u_{n+1}]=[0,1]$。

3. NURBS 曲面

与 NURBS 曲线表示形式类似，NURBS 曲面也可以表示为有理分式形式：

$$r(u,w) = \frac{\sum_{i=0}^{n_u} \sum_{j=0}^{n_w} \omega_{i,j} \cdot V_{i,j} \cdot N_{i,k_u}(u) \cdot N_{j,k_w}(w)}{\sum_{i=0}^{n_u} \sum_{j=0}^{n_w} \omega_{i,j} \cdot N_{i,k_u}(u) \cdot N_{j,k_w}(w)} \tag{7-5}$$

式中，$V_{i,j}$ 和 $\omega_{i,j}(i=0,1,\cdots,n_u; j=0,1,\cdots,n_w)$ 分别为呈拓扑矩形阵列的控制网格顶点和相应的权因子；u、w 方向上的节点矢量分别为 $U=[u_0,u_1,\cdots,u_{n_u+k_u+1}]$、$W=[w_0,w_1,\cdots,w_{n_w+k_w+1}]$；$N_{i,k_u}(u)$ 定义为在节点矢量 U 上的第 i 个 k_u 次 B 样条基函数，$N_{j,k_w}(w)$

定义为在节点矢量 W 上的第 j 个 k_w 次 B 样条基函数。一般约定四角顶点用正的权因子，即 $\omega_{0,0} > 0$、$\omega_{n_u,0} > 0$、$\omega_{0,n_w} > 0$、$\omega_{n_u,n_w} > 0$，其余 $\omega_{i,j} \geq 0$。

7.1.2　基于 UG 的转轮水斗三维建模

　　UG 是包括 CAD/CAE/CAM 多个功能的三维软件，是最高端的设计、制造和分析的参数化软件之一，被应用于许多设计制造等行业。UG 为用户提供了一个从产品设计到加工过程的紧密连接，可实现零件设计制造的连续性，这样可以提高设计加工仿真的准确度。UG 拥有成熟的三维造型技术，可直接将模型进行仿真加工，生成有效合理的加工刀具轨迹，并且将刀具轨迹经过处理生成数控机床可识别和执行的数控程序。

　　转轮水斗的三维模型以其二维图纸为基础，并对转轮实体进行测量计算，得出模型原始截面型线数据点来创建模型。转轮共有 18 个水斗，均匀分布在轮毂外圆上；转轮主要几何尺寸如表 7-1 所示。单个水斗轮廓如图 7-1 所示。

表 7-1　转轮主要几何尺寸

部件名称	尺寸/mm
转轮外径	1400
节圆直径	1140
轮毂直径	880
轮毂高度	150
水斗高度	340
水斗宽度	380
相邻水斗距离	245

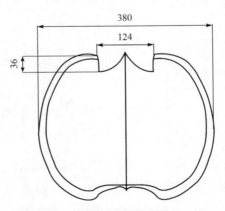

图 7-1　水斗轮廓分析图(单位：mm)

　　建模过程中，转轮分为轮毂部分和水斗部分，轮毂的形状比较简单，容易创建。水斗作为转轮工作部位精度要求高，且水斗的型面复杂，在建模过程中要求一定的连续性和光顺性，尤其水斗内表面是工作面，对精度的要求更加苛刻，因此水斗的建模比较困难。

　　采用 UG 进行水斗建模的主要过程为：根据水斗的二维图对水斗实体进行测量计算，选取主要截面型线，并提取出截面型线上的原始坐标点，将其导入 UG 中，通过样条曲线命令将其横向和纵向的截面型线坐标点拟合成光顺的型线，运用曲线网格命令生成水斗各型面，并将水斗根部型面之间未封闭的连接部分补全，缝合之后生成转轮水斗实体。

　　水斗的截面型线主要是由原始数据坐标点拟合出来的，因此依赖于型线生成的水斗曲面在造型时，会出现各型面之间连接过渡不顺滑，使水斗模型中内外表面的光顺性未能合乎标准。运用 UG 在建模过程中进行拟合处理，根据曲线曲面造型原理，构造出水斗造型需要的辅助点线，最终生成符合要求的转轮水斗三维模型。

　　转轮轮毂的建模相对比较简单，进入 UG 界面，利用基本拉伸命令创建轮毂尺寸的圆柱体，然后在圆柱体上依次创建凸台、凹槽、孔等特征，完成轮毂的实体模型，转轮轮毂正面与底面的造型特征如图 7-2 所示。

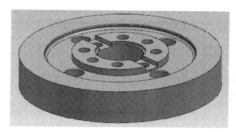 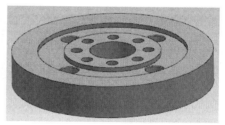

(a) 轮毂正面特征图　　　　　　　　　　　　　(b) 轮毂底面特征图

图 7-2　转轮轮毂正面、底面特征图

7.1.3　水斗的建模

　　由于水斗型面的特点，水斗的建模要相对复杂得多，水斗均匀分布在轮毂外圆上且单个水斗关于分水刃所在平面对称。因此，可以先创建单个水斗的一半模型，通过对称命令复制出水斗的另一半模型，然后运用变换命令创建出其余剩下的水斗。

　　通过对水斗实体进行测量计算并获取水斗截面型线坐标点，将这些建模需要的坐标点文件转换成 UG 可以识别的数据格式。为了方便数据的导入及修改，为每个截面型线上的数据点分别创建一个文件。将原始数据点导入 UG，按照水斗截面的型线将数据点一一创建出来，如图 7-3 所示。其中型线包含横向和纵向截面型线，各截面型线都是水斗内外表面曲率变化、水斗外轮廓定位曲线的关键型线。

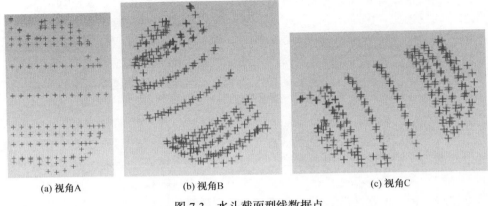

(a) 视角A　　　　　　　(b) 视角B　　　　　　　(c) 视角C

图 7-3　水斗截面型线数据点

按照水斗造型将需要的数据点都导入 UG 之后，接下来将各截面型线上的数据点按照顺序分别拟合成截面型线。应用样条曲线命令将导入的数据点按照型线的方向依次拟合成截面型线，为保证曲线光顺，曲线阶次选择 3 次，依次选取各纵向截面型线上的数据点，将水斗纵向截面型线创建出来，如图 7-4 所示。

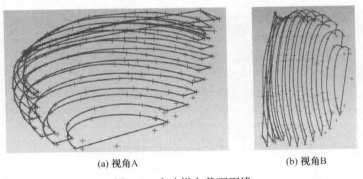

(a) 视角A　　　　　　　　　(b) 视角B

图 7-4　水斗纵向截面型线

同样，应用相同的方法将水斗的横向截面型线依次创建出来，创建时保证曲线的光顺性。由于整个水斗曲面型线数据点比较多且分布紧凑，在拟合过程中需不断检验数据点选取的准确性，全部创建完成后的水斗横向和纵向截面型线如图 7-5 所示。

单个水斗的截面型线创建完成后，接下来是对其进行曲面造型，通过曲线网格命令，按照横向截面型线为主线串，纵向截面型线为交叉线串，切线方向一致选择，各曲面连续相切，以保证生成曲面的光顺平滑性。依次对水斗外表面和内表面进行创建，完成水斗曲面的建模，如图 7-6 所示。

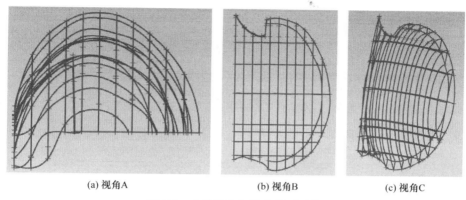

(a) 视角A　　　　　　　　(b) 视角B　　　　　　　　(c) 视角C

图 7-5　水斗横向和纵向截面型线

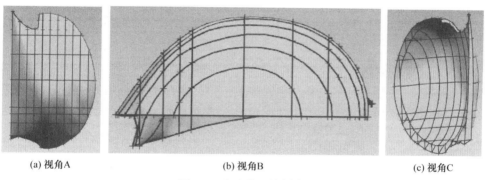

(a) 视角A　　　　　　　　(b) 视角B　　　　　　　　(c) 视角C

图 7-6　水斗曲面的创建

　　水斗的一半部分创建完成之后，以中间分水刃所在的平面为对称平面，将水斗的另一部分创建出来，如图 7-7 所示。

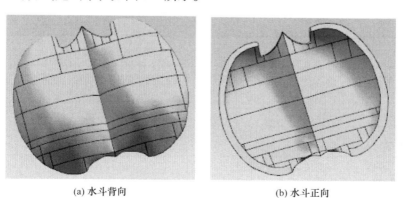

(a) 水斗背向　　　　　　　　　　　(b) 水斗正向

图 7-7　单个水斗的曲面模型

单个水斗曲面造型完成之后，此时生成的水斗属于片体结构，只是整个水斗的外轮廓曲面，还需要将其生成水斗实体。由于水斗曲面不是完全封闭的，不能通过选取直接生成实体，这里需要添加一些辅助点、线和曲面，将水斗整个轮廓曲面封闭起来。然后将水斗进行缝合，生成水斗实体，如图 7-8 所示。

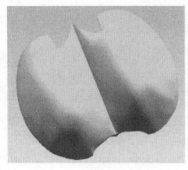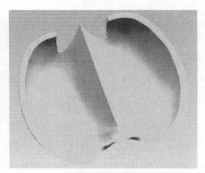

(a) 水斗背向　　　　　　　　(b) 水斗正向

图 7-8　单个水斗的实体模型

根据水斗与轮毂的相对位置关系、水斗表面与轮毂之间的角度要求，以及转轮水斗实体应用要求，将水斗与轮毂求交，并且检查水斗与轮毂之间相对位置的准确性，按照要求调整到满足实际模型，如图 7-9 所示。

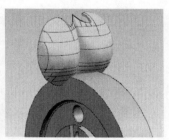

(a) 水斗正向　　　　　　　　(b) 水斗背向

图 7-9　水斗与轮毂的位置关系

通过变化命令，将水斗按照轮毂外圆为定位阵列，创建出其余的水斗实体，然后将水斗与轮毂求和，使轮毂同水斗结合成整体结构，然后根据产品水斗实体的特征规定，生成倒圆、倒角特征，最后得出转轮水斗三维模型，如图 7-10 和图 7-11 所示。

通过以上方法建立的水斗模型，其整体结构特点及各复杂型面均可满足实际要求，曲面光顺性较好，生成模型精确，为后续加工工艺的划分、走刀路线的生成及试验加工奠定了基础。

图 7-10　水斗与转轮合并图　　　　　　　图 7-11　转轮三维模型

7.2　插铣加工转轮水斗的数控编程技术

转轮水斗型面众多、结构复杂，尤其是水斗内表面及水斗根部走刀空间有限，容易产生碰撞干涉，因此进行整体数控加工十分困难。

由于水斗的结构特点，水斗需要加工的余量为整个毛坯重量的 73%，对于企业加工来说必须提高数控加工的效率、降低加工周期，所以规划出合理工艺和加工参数对转轮加工至关重要。在保证水斗加工质量的同时，又为企业争取一定的经济效益，对于加工来说很难实现。需要对转轮的特点及加工难点、四坐标数控加工的特点、切削方式、走刀路线等进行综合分析比较，研究制定合理的转轮水斗整体数控加工工艺。

7.2.1　转轮水斗特点和加工难点

1. 转轮水斗特点

转轮水斗为不锈钢材料 ZG0Cr13Ni4Mo，其化学成分如表 7-2 所示，力学性能如表 7-3 所示。由于转轮水斗材质的特点，它可多用于一些对材料性能要求较高的零件上，如水轮机、汽轮机等。转轮水斗材料硬度较高，很难对其进行切削加工，所以有时需要退火来改进可加工性。

表 7-2　转轮水斗材料的化学成分　　　　　（质量分数：%）

C	Si	Mn	Cr	Ni	Mo	S	P
0.048	0.3	0.62	12.6	4.04	0.48	0.014	0.031

表 7-3　转轮水斗材料的力学性能

σ_b/MPa	$\sigma_{0.2}$/MPa	δ_5/%	φ/%	a_k/(J/cm²)	HB
869	737	17.5	42.5	104	278

　　转轮水斗的结构相对复杂，且布局比较紧密；水斗整体属狭长勺型，型面变化比较复杂，曲面曲率变化大；曲面较多且相互之间连接多样化，转轮水斗整体结构如图 7-12 所示。

(a) 水斗正向

(b) 水斗背向

图 7-12　转轮水斗整体结构

2. 转轮水斗加工难点

　　由于转轮水斗形状的特点，对其进行加工时，经常会遇到工艺和编程方面的问题，根据零件的实际加工要求，为了能够提高加工效率，需要规划出更好的转轮水斗的加工方法。转轮水斗加工中常见的问题有以下几种。

　　(1) 刀具与水斗各型面容易出现干涉。水斗结构相对复杂，特别是水斗内表面加工时进刀空间狭窄，加工区域非常复杂且划分困难。在水斗加工过程中，特别是水斗内部加工时，刀具容易与零件发生多种干涉，如图 7-13 所示。因此，需要对水斗进行多约束面干涉处理，对加工刀具设置合理的走刀方式，调整加工时的角度，避免出现干涉等问题。

　　(2) 刀柄容易发生变形、振动。水斗尺寸较大、结构狭长且受到加工区域的局限，进刀空间较小，在水斗整体加工过程中，为避免刀具与工件发生干涉、碰撞的问题，选择长径比较大的刀具进行加工。受水斗材料的制约，加工时会

(a) 刀具与水斗正面的干涉　　　　　　(b) 刀具与相邻水斗背面的干涉

图 7-13　刀具与水斗的干涉形式

产生很大的切削力，刀具受到大切削力的作用容易发生变形和振动，使水斗加工的表面质量下降。因此，应设计更好的刀柄结构来减少加工中的变形、振动等问题，使零件能够更快更好地加工出来。

　　(3) 不锈钢材质难于加工。水斗采用不锈钢材质，其属于难加工材料，具有韧性强、塑性较好的特点，因此在对水斗加工时，切屑容易黏结在切削刃上，给切削加工带来困难；特别是逆铣加工时，更容易造成刀具的磨损，影响加工的效率和质量。因此，需综合考虑切削刀具各方面参数，使刀具达到最高效的切削性能，以进一步提高转轮水斗的表面质量。

　　(4) 数控编程困难。针对水斗的加工特性，应用三轴机床对水斗进行加工非常困难。首先应合理划分整个加工区域，再对不同的加工区域生成准确、高效的刀具切削加工轨迹。为了减少加工时的空走刀问题，需要将水斗上一步的剩余模型作为下个工序的毛坯，这样可以减少加工程序，提高水斗的加工效率。

　　(5) 材料切除量较大。转轮水斗毛坯的形成一般运用锻造方式，从毛坯到水斗需要去除掉一半以上的零件材料，材料去除率很大，加工时间较长。因此，可先用车削方式将水斗的大体轮廓加工出来，去除一部分余量，使型面的铣削加工能够更好地进行。同时在加工水斗时运用插铣、型腔铣、等高轮廓铣等高效的铣削方法，并且选取合理的加工参数，更好地提高零件的切削效率。

7.2.2　数控机床的选择

1. 四坐标数控机床的结构

　　针对转轮水斗的数控加工，为了提高水斗的加工效率和质量，国外很多企业采用五轴机床对水斗进行数控加工，降低了制造成本，为企业带来很高的利益。国内缺少专门加工转轮水斗的机床，很难实现对水斗高效、高质量的加工工作，针对国内在这方面加工的不足，本书采用成本比较低的三轴数控机床对转轮水斗进行加工，在三轴数控机床上附加一个可转位的旋转轴，实现对水斗四坐标数控加工，为转轮水斗提出现实加工方向。机床的四个坐标轴都可以在其自身操作系统的控制下相互作用进行零件的加工。与三轴数控机床相比，四坐标数控机床进行零件加工主要包括以下优点：

(1) 可以在一个装夹工位上实现多个工序的加工，能够提高效率，并且可以减少多次装夹的定位误差。

(2) 工件在加工过程中可实现角度的调整，因此可有效避免工艺系统中的干涉问题，提高零件的加工质量。

(3) 简化加工刀具的结构，改善刀具的长径比，提高刀具的强度、刚度、切削速度和进给量，降低由切削刀具所消耗的加工成本。

(4) 能够简化装夹工具，旋转轴的存在，可以使立体型面的加工简化为二维的切削加工，进而使编程和实际加工变得相对容易。

2. 四坐标数控机床的特点

通过在三轴数控机床上附带旋转轴的数控转台来实现四坐标加工，即"3+1"形式的四坐标数控机床。四坐标数控机床主要优点如下：

(1) 价格比较便宜。数控转台根据零件加工需要在三轴数控机床安装一个辅助工具，可根据实际加工来选配其规格。

(2) 装夹方式灵活。根据实际加工零件的特点选择不同的辅助工具，如三爪自定心卡盘等。

(3) 拆装方便。可实现转台的拆卸，当仅需要三轴加工比较大型的零件时，可以将数控转台拆下来，需要四坐标加工时再把数控转台安装上即可。

另外，需要特别注意的是，四坐标数控机床的控制系统必须具有第四轴的驱动单元，并可以实现四坐标运动的功能。另外，数控转台及伺服系统的参数设定需要满足四坐标数控加工的要求。数控转台的规格大小会影响实际机床的加工范围，因此需要根据零件的轮廓尺寸选择合适的数控转台规格。

综上，通过在三坐标立式或卧式数控铣床上增加数控转台的方式来实现四坐标数控加工，不但可以加工转轮水斗的连续回转轮廓，而且可以实现在一次安装中，通过数控转台改变工位，进行转轮的圆周加工。这样，不仅可以大大减轻数控编程的工作量，降低数控加工程序的复杂程度，还可以明显缩短加工时间，进一步提高数控加工效率、降低加工成本。

7.2.3　转轮水斗整体数控加工工艺研究

针对转轮水斗的特征，本书提出采用四坐标数控机床对其进行加工，但是根据水斗的加工要求，切削时会出现很多工艺方面的问题，如零件加工的合理性、工艺性分析、工件装夹方式、刀具和切削参数的选择等。为了提高转轮水斗的加工效率和加工质量，就需要对这些工艺问题进行处理，规划出相对合理的加工方法和参数。

1. 加工工艺分析

通过对转轮的零件图纸分析可知，转轮上安装固定用的孔系、凹槽、凸台等加工起来比较简单，采用圆车加工即可。转轮加工中的难点是水斗的加工，其加工区域可分为水斗正背面、根部以及分水刃的加工。

转轮加工中最重要的是其水斗各型面的铣削加工，为了能够使水斗铣削加工中切除的余量降到最低，简化铣削加工的刀具轨迹，提高整体加工的效率，在铣削加工之前，需要在车床上对水斗进行加工，完成轮毂上各特征的加工，且可实现水斗外部轮廓初步加工，如图 7-14 所示。

(a) 正面视图　　　　　　　　　　　　(b) 底面视图

图 7-14　车削加工生成的转轮毛坯

水斗各型面的曲率相对较大，且水斗根部的进刀空间狭窄，因此在加工过程中刀具极易与水斗出现干涉、碰撞等问题。虽然本书提出采用四坐标数控机床及相关设备能够实现转轮水斗的加工，但是也不能用一种切削方式将其完整地加工出来。这里将不同加工方式相结合，根据水斗的多个加工部位，采取分区域的方式进行整体数控加工。将单个水斗的整体加工部位规划为三个区域的加工，分别为轮廓加工、成型加工和内表面加工。

1) 轮廓加工

铣削加工的第一步是水斗的轮廓加工，其主要任务是去除水斗之间的大部分余量和水斗的背面轮廓，水斗轮廓加工的毛坯是车削加工后的零件。水斗轮廓加工中选择立式三轴数控机床，附加在 XY 平面内的数控转台，以轮毂上面的孔系和其他相关特征为装夹定位基础，按从粗到半精再到精的整体加工流程分别对水斗的上下轮廓部分进行加工。加工时，切削刀具和水斗的位置关系如图 7-15 所示，以层优先的方式加工出水斗的轮廓。然后调整机床控制数控转台的旋转来实现全部水斗的轮廓加工，轮廓加工完成后的水斗如图 7-16 所示。

图 7-15　刀具与水斗的位置关系

图 7-16　轮廓加工后的转轮水斗

2) 成型加工

轮廓加工是为了去除大部分余量，仅加工出水斗的部分背部型面轮廓，水斗之间还存在着有很多材料的连接部分需要切削，水斗的成型加工就是将这一连接部分去除干净。

针对水斗的成型加工，选择卧式三轴数控机床，同样附带一个可旋转的数控转台，按从粗到半精再到精的加工流程，自外向内一层一层将水斗的背部型面全部加工出来。选择卧式三轴数控机床，通过数控转台的旋转，调整刀具刀轴与被加工水斗正面保持平行位置关系，如图 7-17 所示。这样刀具可以探入水斗的加工区域，即可将整个水斗背部型面(包括难加工的部位)全部加工出来，又可以实现对水斗根部区域的加工，同时还可在避开分水刃的情况下加工出水斗正面，能够避免加工过程中的干涉、碰撞等现象。然后调整机床控制数控转台的旋转来实现全部水斗的成型加工，成型加工完成后的转轮水斗如图 7-18 所示。

图 7-17　刀具与水斗的位置关系

图 7-18　成型加工完成后的转轮水斗

3) 内表面加工

水斗内表面加工是整个水斗加工过程中最重要的工序, 其加工精度和表面质量决定转轮的整体质量以及其工作的效率。

针对转轮水斗内表面大余量及进刀区域狭窄进刀困难的特点, 选择卧式三轴数控机床, 同样附带一个可旋转的数控转台, 按从粗到半精再到精的加工流程。为了避免刀轴与水斗产生干涉、碰撞, 加工过程中通过操作数控转台来连续调整刀具刀轴与水斗正面之间的角度 φ, 以实现对水斗整个内表面的加工, 如图 7-19 所示。利用转台的旋转将零件调整到合理的进刀角度, 这样刀具就可以在避免干涉的情况下, 由外向内一层一层地对水斗内表面中可加工到的区域进行切削, 随着夹角 φ 的不断变化, 即可实现整个水斗的内表面加工。

利用以上加工方法, 通过对数控转台的应用, 控制刀具刀轴与水斗之间的位置、角度关系具有以下优点:

(1) 运用四坐标数控机床的特征优势, 安全有效地实现转轮水斗复杂型面的加工。

(2) 避免水斗加工过程中容易出现的干涉、过切和欠切等问题。

(3) 通过调整刀具与水斗之间的角度, 改善刀具加工中的受力情况, 减小切削加工时的变形和振动, 提高水斗的加工质量。

图 7-19 刀具与水斗的位置关系

当水斗内表面精加工后, 转轮的整个数控加工过程基本完成, 但此时水斗内外加工表面还残留有较明显的切削加工痕迹。因此, 需要在水斗的各个精加工工序保留一定的加工余量, 以便对转轮尤其是水斗部位进行光整加工, 即采用研磨或珩磨等手段, 切除转轮表面极薄的一层材料, 以尽可能去除转轮表面的切削痕迹, 提高其表面粗糙度, 从而满足最终的产品加工要求。

2. 刀具的选择

刀具是工件切削加工中最重要的工具, 由于铣削加工是转轮水斗的主要加工方式, 所以主要的刀具类型是铣刀。选择合理的铣削刀具是水斗进行加工的基础, 直接影响水斗加工精度和质量。铣刀的选择需要综合考虑零件的特征和加工要求, 根据转轮水斗的加工特征选取合适的铣削刀具, 实现其高效率、高质量的加工。

为了满足实际加工的要求, 除了要选择合适的数控机床以外, 切削刀具的选取也是其中的重要环节。在选择刀具时, 需要同时考虑多方面因素(如机床特征、工件材料等)。在使用数控机床进行加工时, 对刀具的要求也相对较高, 不仅需要刀具具有良好的物理特性，而且要求其能与数控机床很好地配合。随着零件材料的升级，对零件进行切削加工的刀具也出现了很多新型优质材料，如高速钢、硬质合金、金刚石、陶瓷、涂层刀具材料等。目前应用相对普遍的刀具材料种类、组成及特点如表 7-4 所示。

表 7-4　刀具材料种类、组成及特点

刀具材料	组成	特点
高速钢	一种含 W、Mo、Cr、V 等合金元素较多的工具钢	具有良好的力学性能和工艺性能，可以承受较大的切削力和冲击力
硬质合金	采用高硬度、难熔的金属化合物(WC、TiC)等粉末，添加一些 Co、Mo、Ni 等金属黏结剂烧结而成	硬度高、熔点高、化学稳定性好，切削效率较高
超硬刀具材料	包括金刚石和立方氮化硼，具有特殊切削功能	主要用于超精加工及硬脆材料加工，切削性能很高，切削时温度低，表面粗糙度很小，可部分代替磨削加工
陶瓷刀具材料	主要成分为 Al_2O_3 或 Si_3N_4，通过高温烧制而成	硬度可达 91～95HRC，耐磨性非常高，可用于冷硬铸铁和淬硬钢的加工；在高温下依然可以保持很高的切削速度
涂层刀具材料	采用化学气相沉积或物理气相沉积的方式在切削刃上涂覆薄薄一层耐磨性高的难熔金属(或非金属)化合物	可以有效防止切屑和刀具直接接触，减小摩擦和应力；刀具寿命较长，加工精度及加工效率较高；减少切削液的使用

　　通过对转轮水斗的特性综合分析，结合水斗的加工要求，制定加工过程中各工序刀具选取原则。水斗粗加工和半精加工工序中，零件需要切削的材料余量较大，为了提高加工效率，选取较大的加工参数，因此刀具在加工过程中会受到很大的切削力和冲击力，刀具磨损严重，这里选用材质为硬质合金的可转位刀片，以降低加工成本；水斗精加工工序中，零件表面余量较小，加工时切削量也很小，这里选用整体式硬质合金球头刀，能有效避免切削刃与零件曲面发生干涉等问题，提高水斗的表面加工质量。其中，针对水斗内表面大余量及加工区域狭窄进刀困难的特点，本书采用插铣刀具对其进行开粗加工，可有效去除大余量，提高加工效率。

　　在对转轮水斗进行数控加工过程中，选取切削刀具的标准就是如何避免加工过程中的干涉、过切等问题，在选择合理加工刀具的基础上生成优化的走刀路线。以水斗尺寸和质量要求为基础(这里由于转轮水斗尺寸较大，将其整体缩小规划加工方案)，将其他需要考虑的相关因素结合起来，选用合理的刀具类型和刀具主要参数，如表 7-5 所示。

表 7-5 刀具类型和刀具主要参数

水斗加工工序		刀具类型	刀具主要尺寸参数				
			直径 D/mm	刀具长度 L/mm	刃口长度 FL/mm	刃数 n	下半径 R/mm
轮廓加工	粗加工	圆角铣刀	10	120	4	2	2
	半精加工	球头刀	10	120	8	2	—
	精加工	球头刀	6	125	20	2	—
成型加工	粗加工	圆角铣刀	10	120	4	2	2
	半精加工	快进给铣刀	8	120	20	4	1.36
	精加工	球头刀	6	125	20	2	—
内表面加工	粗加工	插铣刀	8	128	8	2	—
	半精加工	球头刀	8	150	20	2	—
	精加工	球头刀	6	125	20	2	—

3. 切削方式的选择

铣削加工是多刃刀具旋转作为主运动，工件或刀具的移动作为进给运动的一种高效率切削方式。但铣刀一般都有刀齿相对较多的特性，这就导致每个切削刀齿的容屑空间比较小，排屑相对困难。另外，铣削时刀具不是连续切削，而是刀齿周期性地切入和切出工件，这会对工件产生冲击，容易引起加工振动。

四坐标数控加工的铣削方式与三坐标加工一致，其中主要包括顺铣和逆铣。

根据顺铣的特点，在铣削加工过程中，如果零件的待加工表面无氧化硬皮，且机床进给机构之间不存在间隙，选择顺铣的加工方式来规划相应的加工路线。这主要是由于顺铣加工完成后零件表面质量较好，刀具不容易产生磨损。与顺铣加工恰好相反，如果零件的待加工表面存在氧化硬皮，且机床进给机构之间有间隙，应选择逆铣的加工方式来规划相应的加工路线。这是由于逆铣加工过程中，铣削刀具是从已加工表面开始逐渐切入零件的，能够避免切削加工中刀具崩刃，且刀具切削力的方向与进给方向一致，所以不会引起机床的爬行和振动。

由于转轮水斗加工工序的规划，在对水斗进行铣削加工以前，已经采用车削初步加工出水斗的整体外圆轮廓形状，将毛坯表面的硬皮去除，所以在转轮水斗的四坐标数控加工中，主要采用顺铣的切削加工方法，这样可以提高水斗表面质量，降低切削刀具的磨损。

4. 切削参数的确定

合理的铣削加工参数，是指在确保工件加工质量的情况下，最大限度地利用机床的使用性能和加工刀具的切削能力，获取高生产效率和低成本的加工参数。在零件实际加工过程中，根据不同的铣削方式，其选取的原则可归纳为以下几个方面。

(1) 粗铣加工。由于粗加工的主要目的是去除零件材料大量的余量，对加工精度要求不是很高，所以在加工设备能承受的情况下，首先选取较大的切削深度，其次是增大加工过程的进给，最后以铣刀的使用寿命及工艺系统刚性为限制条件，选择合理的切削加工速度。

(2) 半精铣加工。在粗铣加工完成之后，进一步切削相应的余量，使零件的被加工表面能够更加接近实际模型。因此，半精铣加工时的切削参数相对精铣加工要大一些。

(3) 精铣加工。由于精铣加工完成后生成的就是零件实体，根据零件加工的精度和表面质量的要求，径向切削深度应相对较小；再根据刀具的使用寿命和工艺系统刚性要求尽量选择较大的铣削速度，来提高零件的表面加工质量，最后将其他相关参数合理地设置出来。

在刀具的相关参数选择完成之后，根据转轮水斗的特性和加工要求，参考《机械加工工艺手册》等资料，设置合理的切削加工参数，如表7-6所示。

表 7-6　切削参数的选择

水斗加工工序		切削用量				余量/mm
		径向切削深度 a_e/mm	切削深度 a_p/mm	主轴转速 n/(r/min)	进给速度 v_f/(mm/min)	
轮廓加工	粗铣加工	5	0.5	1200	1000	0.6
	半精铣加工	5	0.2	2200	600	0.2
	精铣加工	3	0.1	4000	400	—
成型加工	粗铣加工	5	0.5	1200	1000	1
	半精铣加工	4	0.2	2200	600	0.5
	精铣加工	3	0.1	4000	400	—
内表面加工	粗铣加工	4	—	4000	800	2
	半精铣加工	4	0.5	3000	800	0.5
	精铣加工	3	0.2	4000	400	—

7.2.4　基于 UG 的数控编程技术

1. 数控编程步骤

数控编程是零件加工中非常重要的内容，决定着能否按照要求将零件加工出来，但是过程比较复杂，程序的准确程度直接影响零件的加工质量和精度。其过程主要包括分析零件图样、工艺处理、数学处理、编写程序单、输入数控系统和程序检验，最后将程序输入数控机床进行零件的加工，如图 7-20 所示。

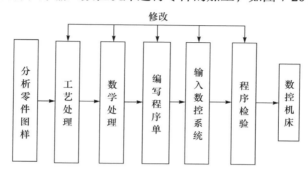

图 7-20　数控编程步骤

2. 基于 UG 的 CAM 自动编程技术

UG 是 PLM Software 公司出品的一个产品工程解决方案，是世界上最先进和紧密集成 CAD/CAM/CAE 的软件系统之一。它为产品的设计和加工提供了数字化建模技术和仿真验证方法，针对用户的产品和工艺需求，提供了经过模拟仿真加工验证的解决方案，可以帮助用户在产品的设计制造过程中降低加工成本，提高零件加工质量和整体技术。UG/CAM 模块是 UG 中相对主要的一个功能模块，为各种复杂零部件的加工提供多种加工类型，根据零件的结构、表面质量和粗糙度的标准来选择合适的加工方法，有很强大的计算机模拟仿真制造功能。针对 UG 中所建立的模型或导入其他 CAD 软件中建立的实体模型，根据零件的加工要求，均可以在 UG/CAM 模块中生成准确的走刀路线。利用 UG/CAM 模块的可视化功能，可在软件界面上观察刀具的运动轨迹，仿真刀具的运动和整个加工过程，还可以检查出加工过程中的干涉、过切现象，仿真完成后可实现工件残留材料的检查，检测所设置加工参数的准确性和合理性。刀具轨迹经过后处理器可生成应用于实际加工机床的程序，进而准确、高效地生成零件数控加工程序。

UG/CAM 模块中拥有多个零件加工的模块，其中包括铣削加工、车削加工、点位加工、线切割以及后置处理等，可根据零件的加工要求选择相应的模块。

(1) 铣削加工。铣削加工模块中包括很多加工类型，如表 7-7 所示。在对零件进行加工过程中，可根据零件的特征和要求，选择适当的铣削类型，高效率、高质量地完成工件的加工。

表 7-7　铣削加工分类

分类方法	类型	
根据加工表面形状	平面铣	
	轮廓铣	
根据加工过程中机床主轴方向相对于被加工零件是否可以改变	固定轴铣	平面铣
		型腔铣
		固定轮廓铣
	变轴铣	可变轮廓铣
		顺序铣

(2) 车削加工。车削加工模块主要针对回转类零件，其中包括零件加工过程中所有切削方式，如粗精车、螺纹以及车槽等。

(3) 点位加工。点位加工模块中包含钻孔、镗孔、沉孔、攻丝等多种加工方式，用来加工多工步的箱体类零件及钻孔类零件。

(4) 线切割加工。线切割加工模块支持多种模型，如实体、线框模型，并且提供了不同的刀具切削运动方式，可以实现对工件多轴线切割加工。

(5) 后置处理。后置处理模块可以将生成的刀具轨迹转化处理成实际加工机床能够识别和执行的数控程序，无论工件采用什么样的加工方式，在后置处理时选择对应加工方式的后置处理器，均可生成可用于实际加工的数控程序。在选择后置处理器时，可使用 UG 中自带的后置处理器，也可运用计算机语言对其进行二次开发，针对实际加工机床编译出专用的后置处理系统，这样可以将走刀路线转化成完全能被加工机床识别且执行的数控程序。

UG/CAM 模块进行自动编程的流程如图 7-21 所示。

7.2.5　转轮水斗整体数控加工刀具轨迹的生成

由于转轮水斗是均匀分布在轮毂外圆上的，各水斗之间的加工区域完全相同，所以这里以一个水斗的加工为例，其中加工区域包括被加工水斗的内表面及其相邻水斗的背面，如图 7-22 所示。

转轮水斗的内表面加工是整个水斗加工过程中最主要的工序，但是内表面为半封闭曲面，因此加工比较困难。针对内表面大余量及加工区域狭窄进刀困难的

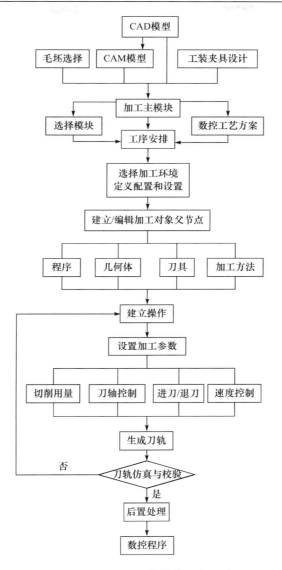

图 7-21　UG/CAM 数控编程流程图

特点，本书采用插铣的方式对其进行开粗加工，可有效地去除大余量，提高加工效率，为了避免刀轴与水斗产生干涉、碰撞，加工过程中需要连续调整刀轴与水斗之间的角度，来完成单个水斗内表面的加工。根据水斗在轮毂外圆上的分布特点，这里生成一个水斗的刀具轨迹，然后通过旋转机床的数控转台，以同样的刀具轨迹来对其他水斗进行加工，最终可实现全部水斗的加工。

图 7-22　转轮水斗数控加工区域

1. 水斗的轮廓加工

由于转轮水斗关于其分水刃截面是对称的，所以单个水斗的加工区域也相互对称，这里选取水斗上半部分的区域进行仿真加工，水斗下半部分的加工与上半部分相同。

1) 水斗轮廓粗加工

水斗轮廓粗加工采用型腔铣的加工方法，其中毛坯几何体、零件几何体、加工区域如图 7-23 所示。选用 $\phi10$ 的圆角铣刀具，设置刀具相关参数，并对加工参数进行合理设置生成走刀路线、过程工件及动态切削仿真过程，如图 7-24 所示。通过对仿真加工的观察，可以发现刀具轨迹正常合理，加工过程中没有出现干涉、碰撞以及过切等现象。

2) 水斗轮廓半精加工

水斗轮廓半精加工采用等高轮廓铣的加工方法，其中零件几何体和毛坯几何体与粗加工相同，加工区域如图 7-25 所示。选用 $\phi10$ 的球头刀具，设置刀具相关参数，并对加工参数进行合理设置生成刀具轨迹及动态切削仿真，如图 7-26 所示。

(a) 毛坯几何体　　　　　　　(b) 零件几何体　　　　　　(c) 加工区域

图 7-23　毛坯几何体、零件几何体与加工区域

(a) 走刀路线

(b) 动态切削仿真

(c) 过程工件

图 7-24 水斗轮廓粗加工走刀路线及仿真

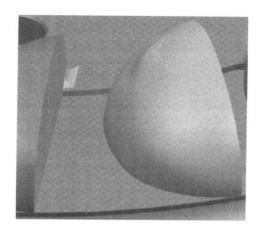

图 7-25 水斗轮廓半精加工区域

(a) 走刀路线

(b) 动态切削仿真

图 7-26 水斗轮廓半精加工走刀路线及仿真

通过对仿真加工的观察,可以发现刀具轨迹正常合理,加工过程中没有出现干涉、碰撞以及过切等现象。

3) 水斗轮廓精加工

水斗轮廓精加工采用等高轮廓铣的加工方法，其中零件几何体、毛坯几何体及加工区域均与粗加工相同。选用$\phi6$的球头刀具，设置刀具相关参数，并对加工参数进行合理设置生成刀具轨迹及动态切削仿真，如图7-27所示。通过对仿真加工的观察，可以发现刀具轨迹正常合理，加工过程中没有出现干涉、碰撞以及过切等现象。

 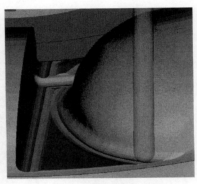

(a) 走刀路线　　　　　　　　　　(b) 动态切削仿真

图 7-27　水斗轮廓精加工走刀路线及仿真

基于水斗上下部分关于中心截面对称，单个水斗上半部分轮廓加工刀具轨迹完成后，运用 UG 中的"变换"命令生成水斗下半部分轮廓加工的刀具轨迹，进而完成水斗整体轮廓加工。

2. 水斗的成型加工

水斗轮廓加工完成后，需要对两个水斗之间的连接部分进行加工，将水斗的整个背部曲面加工出来，完成水斗整体外部形状的加工。水斗成型加工需要将水斗立式装夹起来，加工中保证水斗正面与机床主轴平行。

1) 水斗成型粗加工

水斗成型粗加工采用型腔铣的加工方法，其中毛坯几何体为轮廓加工后的几何体，零件几何体、加工区域如图7-28所示。选用$\phi10$的圆角铣刀具，设置刀具相关参数，并对加工参数进行合理设置生成走刀路线、过程工件及动态切削仿真过程，如图7-29所示。通过对仿真加工的观察，可以发现刀具轨迹正常合理，加工过程中没有出现干涉、碰撞以及过切等现象。

(a) 零件几何体　　　　　　　　　　　(b) 加工区域

图 7-28　零件几何体和加工区域(水斗成型粗加工)

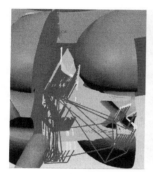

(a) 走刀路线　　　　　　　(b) 动态切削仿真　　　　　　(c) 过程工件

图 7-29　水斗成型粗加工走刀路线及仿真

2) 水斗成型半精加工

水斗成型半精加工采用等高轮廓铣的加工方法，其中零件几何体和毛坯几何体与粗加工相同，加工区域如图 7-30 所示。选用 $\phi 8$ 的快进给铣削刀具，设置刀

图 7-30　水斗成型半精加工区域

具相关参数，并对加工参数进行合理设置生成刀具轨迹，如图 7-31 所示。通过对仿真加工的观察，可以发现刀具轨迹正常合理，加工过程中没有出现干涉、碰撞以及过切等现象。

<table>
<tr><td>(a) 走刀路线</td><td>(b) 动态切削仿真</td></tr>
</table>

图 7-31　水斗成型半精加工走刀路线及仿真

3) 水斗成型精加工

水斗成型精加工采用等高轮廓铣的加工方法，其中零件几何体、毛坯几何体及加工区域均与粗加工相同。选用 $\phi6$ 的球头刀具，设置刀具相关参数，并对加工参数进行合理设置生成刀具轨迹，如图 7-32 所示。通过对仿真加工的观察，可以发现刀具轨迹正常合理，加工过程中没有出现干涉、碰撞以及过切等现象。

(a) 走刀路线　　　　　　　　　　　　(b) 动态切削仿真

图 7-32　水斗成型精加工走刀路线及仿真

3. 水斗的内表面加工

水斗成型加工完成后，接下来就是水斗的内表面加工，水斗的内表面加工是整个水斗加工过程中最重要的工序，其加工精度和表面质量的好坏决定转轮的整体质量及其工作效率。针对内表面大余量及进刀区域狭窄进刀困难的特点，为了避免刀轴与水斗产生干涉碰撞,加工过程中需要连续调整刀轴与水斗之间的角度，来完成单个水斗内表面的加工。

1) 水斗内表面粗加工

由于水斗内表面加工余量比较大，切削加工空间狭窄，为了提高效率，内表面的粗加工采用插铣的方法，其中毛坯几何体成型加工后的零件几何体和加工区域如图 7-33 所示。

(a) 零件几何体　　　　　　　　　　(b) 加工区域

图 7-33　零件几何体和加工区域(水斗内表面粗加工)

由于加工区域比较狭窄，进刀空间有限，需要改变刀具刀轴与水斗之间的夹角，在避免发生干涉碰撞的情况下，对内表面进行加工。由于内表面为封闭曲面，在插铣加工之前需对内表面加工区域进行钻孔，钻孔区域应选择为插铣加工区域的最深处，这样插铣刀具由预钻孔进刀，由内向外依次加工出内表面区域。

选用 $\phi 8$ 的插铣刀具，设置刀具相关参数，这里分别调整插铣刀具刀轴与水斗正面的夹角 $\varphi = 60°$、$30°$ 来对内表面进行加工，设置合理加工参数并生成刀具运动轨迹，而且通过仿真加工对刀具轨迹进行验证,生成水斗加工过程工件,如图 7-34 所示。通过对仿真加工的观察，可以发现刀具轨迹正常合理，加工过程中没有出现干涉、碰撞以及过切等现象。

(a) $\varphi = 60°$走刀路线　　　　　　　(b) $\varphi = 60°$动态切削仿真

 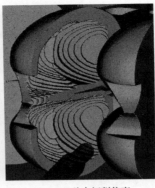 

(c) $\varphi=30°$走刀路线　　　　　(d) $\varphi=30°$动态切削仿真　　　　　(e) $\varphi=30°$过程工件

图 7-34　水斗内表面粗加工走刀路线及仿真

2) 水斗内表面半精加工

水斗内表面半精加工采用型腔铣削的加工方法，其中零件几何体与粗加工相同，毛坯几何体为粗加工后生成的毛坯体，加工区域如图 7-35 所示。

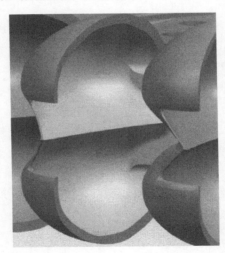

图 7-35　加工区域

选用 $\phi8$ 的球头刀具，设置刀具相关参数，这里分别调整刀具刀轴与水斗正面的夹角 $\varphi=75°$、$45°$、$15°$ 来对内表面进行加工，设置合理加工参数并生成刀具运动轨迹，而且通过仿真加工对刀具轨迹进行验证，生成水斗加工过程工件，如图 7-36 所示。通过对仿真加工的观察，可以发现刀具轨迹正常合理，加工过程中没有出现干涉、碰撞以及过切等现象。

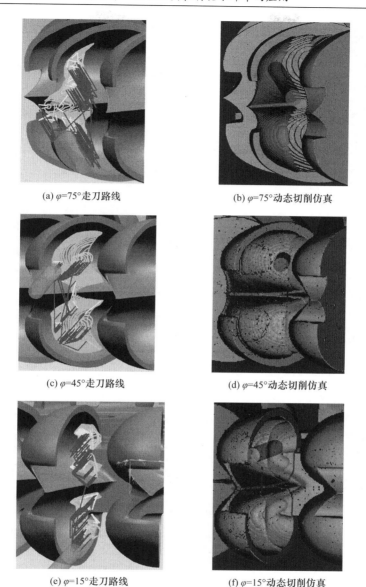

(a) $\varphi=75°$ 走刀路线　　　　　　　(b) $\varphi=75°$ 动态切削仿真

(c) $\varphi=45°$ 走刀路线　　　　　　　(d) $\varphi=45°$ 动态切削仿真

(e) $\varphi=15°$ 走刀路线　　　　　　　(f) $\varphi=15°$ 动态切削仿真

图 7-36　水斗内表面半精加工走刀路线及仿真

3) 水斗内表面精加工

水斗内表面精加工采用型腔铣削的加工方法，其中零件几何体和加工区域与半精加工相同，毛坯几何体为半精加工后生成的毛坯体。选用 $\phi6$ 的球头刀具，设置刀具相关参数，这里分别调整刀具刀轴与水斗正面的夹角 $\varphi = 80°$、$65°$、$45°$、

25°来对内表面进行加工，设置合理加工参数并生成刀具运动轨迹，而且通过仿真加工对刀具轨迹进行验证，生成水斗加工过程工件，如图 7-37 所示。通过对仿真加工的观察，可以发现刀具轨迹正常合理，加工过程中没有出现干涉、碰撞以及过切等现象。

(a) φ=80°走刀路线

(b) φ=80°动态切削仿真

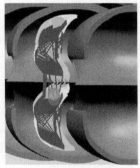

(c) φ=65°走刀路线

(d) φ=65°动态切削仿真

(e) φ=45°走刀路线

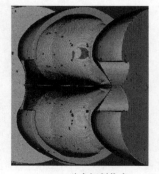

(f) φ=45°动态切削仿真

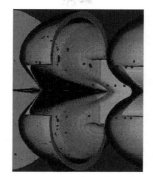

(g) φ=25°走刀路线　　　　　　(h) φ=25°动态切削仿真

图 7-37　水斗内表面精加工走刀路线及仿真

4. 转轮水斗整体数控加工刀具轨迹后置处理

运用 UG 前置处理生成转轮水斗数控加工走刀路线只是软件本身可以识别的刀位文件，并不能直接输入机床进行水斗的加工，这里需要将生成的走刀路线转换成加工机床能够识别并执行的数控程序。这种将软件中生成的走刀路线"译码"成特定机床可以执行的数控程序的整个过程称为后置处理，后置处理过程如图 7-38 所示。

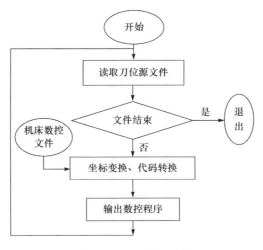

图 7-38　后置处理过程

UG 后置处理的任务就是根据加工机床的控制系统及运动结构，将软件编程过程中计算的刀具运动轨迹转换成数控机床可识别的控制指令程序。

　　　选用与加工机床相对应的后置处理器，就可以将生成的转轮水斗刀具轨迹进行后置处理操作。基于水斗结构复杂，加工区域划分烦琐，加工工序比较多，并且相应的刀具轨迹也非常复杂，在生成程序时应注意工作坐标系与机床坐标系的位置关系，保证主轴和进刀方向重合。转轮水斗整体加工数控程序众多，且各程序相对较复杂，这里仅选择其中两个比较特殊的数控程序段。图 7-39 和图 7-40 为选用后置处理器对水斗进行轮廓粗加工和水斗内表面精加工φ=65°时走刀路线进行后置处理，并生成机床可识别的无干涉数控程序。

图 7-39　水斗轮廓粗加工数控程序

图 7-40　水斗内表面精加工$\varphi=65°$时数控程序

　　　通过 UG 后置处理生成的数控程序还不能直接导入机床进行加工，应根据加工机床的系统特点，确认其可识别的代码命令后，将生成的数控加工程序进行修改，确认无误即可进行转轮水斗的数控加工。

7.3 转轮水斗数控加工仿真与试验

为了解决加工时错误的干涉、碰撞等问题，减少不必要的损失，使生产加工效率更高，本节进行了转轮水斗数控加工仿真技术的研究。数控加工仿真是水斗加工中的关键技术之一，随着计算机技术的不断发展，加工仿真技术得到前所未有的突破，数控仿真过程可以从单纯的切削加工仿真升级到类似实际加工过程中整个机床的仿真，不但可以模拟刀具实际切削加工中的运动轨迹，还可以进一步模拟机床的整体运动以及工件的切削加工过程等。通过对转轮水斗数控加工仿真技术的进一步研究可以有效地缩短实际加工过程中的工时，在完成对机床、刀具以及工件的保护作用的同时，优化加工程序和加工参数，以提高整体效率。

为了使转轮水斗实际加工整个过程能够更加安全和准确，需要对水斗编程生成的 NC 代码进行加工仿真，创建符合 VDL-1000E 型号的四坐标数控机床的仿真加工。

7.3.1 转轮水斗数控加工仿真

1. 数控加工仿真系统 VERICUT 简介

数控仿真技术是利用计算机软件对机械加工过程中的加工环境以及加工过程进行仿真模拟，通过仿真可以很直观地模拟出机械加工整个过程，从而能够在不消耗实际工件材料、不使用实际机床及一些辅助相关设备的情况下，有效地分析和验证零件的可加工性与工艺设计的合理性，最终可以缩短产品研制周期、降低产品生产成本，并且能够提升企业综合实力。

根据仿真过程中所选择的驱动数据不同，数控仿真技术可分为两种：①基于后置处理前通过软件编译出的数据的仿真，即加工走刀路线的仿真。该技术可以应用面向制造行业一些 CAM 软件(如 UG)的相关模块来实现。其仿真结果能够适用于同类型多台数控机床的实际加工，但是存在的主要弊端是不能反映出经过后置处理后生成数控程序的加工效果，对加工过程中干涉、碰撞的避免不能很好地实现，故存在一定的安全隐患。②基于后置处理生成的数控程序进行的加工仿真，即基于数控程序的仿真加工，该技术需要应用 VERICUT 等软件来完成。由于其仿真全过程与数控机床实际加工中使用的数据相一致，包括数控机床、夹具等，所以其仿真结果能够很好地反映零件的实际加工过程，检验工艺过程的合理性，并且通过机床的仿真可实现加工过程碰撞与干涉检测。

VERICUT 不仅能够对数控程序进行仿真分析，而且能够进行程序验证及优化处理，还可以实现对机床整体加工过程的仿真。通过仿真可真实地模拟出加工过程中刀具的切削以及零件、夹具及机床本身的运动情况，并且能准确地反映出加工过程中可能遇到的各类问题，其中包括刀具走刀路线、过切、干涉及碰撞等，这样可以避免在实际加工中所需要的反复试切和调整，能够实现对加工参数和加工工艺的优化处理，可大大提高工件的加工效率和机床等设备的利用率，避免由加工过程中的错误造成不必要的损失。

VERICUT 中想要完成加工过程仿真，首先需要建立实际加工的机床模型，其中包括机床几何模型和运动学模型。然后建立其他相关设备如刀具、夹具和工件的模型，导入走刀路线的 NC 程序，并设置相关加工参数，可实现加工过程的仿真和加工程序的优化。采用 VERICUT 建立数控加工仿真的具体步骤如下：

(1) 机床建模：使用软件的相应模块构建机床的整体结构模型，按照加工要求设定模型的最初方位，并且选择对应的相关文件。

(2) 刀具建模：仿真加工中刀具模型是必不可少的，应建立实际加工需使用刀具的刀具库模型，以供零件加工使用。

(3) 夹具、零件毛坯建模：夹具的建模是为了检验加工过程中夹具和其他系统出现的干涉等问题，避免实际加工中出现错误。

(4) 设置系统参数：为了能够准确地进行数控程序的仿真，需要在软件中进行一些加工仿真所需重要参数的相关设置。

(5) 加工仿真：零件的走刀路线和 NC 程序生成后，在 VERICUT 中导入 NC 程序，并且将 G 代码中指定所使用的刀具号与刀具库中刀具相对应，然后开始仿真加工。

(6) 仿真结果的分析：仿真完成后，可以通过对仿真模型进行变换操作并结合生成的"LOG"日志文件来观察零件在加工过程中出现的干涉及碰撞等错误，然后针对出现的问题对程序进行调试和修改。利用 VERICUT 中的优化模块可以进行走刀路线的优化，根据工件和刀具材料特性，调节加工过程的切削速度和进给速度，将切削效率优化到最大，从而缩短切削加工时间。

通过 VERICUT 进行数控加工仿真的流程如图 7-41 所示，其重点在于机床建模和 NC 代码修改与调用。

2. 机床运动学模型的建立

为了使仿真更加贴近实际加工，首先要建立机床模型，且要与实际机床的各种特征相一致。本书研究的水斗加工采用四坐标数控铣床 VDL-1000E，建立机床的几何模型及运动学模型。

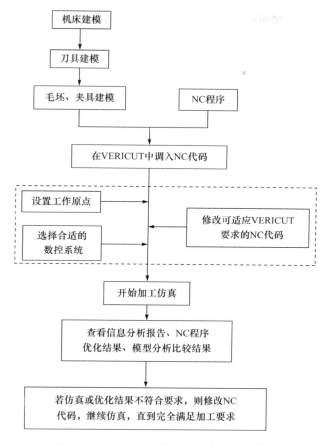

图 7-41　VERICUT 数控加工仿真全过程

1) 构建机床组件树

根据 VDL-1000E 四坐标数控机床结构，可知其主要机械结构是在标准三轴数控铣床的基础上附带可旋转的第四坐标夹具及主轴部件等。根据各组成部分之间的位置关系及相互运动特点，首先建立 VDL-1000E 机床在软件中的组件树，以此为基础来创建机床模型，如图 7-42 所示。

从建立好的组件树可以看出各组成部分之间的关系，因此 VERICUT 中的组件树说明了机床各个模型之间的互相连带和限制的关系，表明了机床整体的运动学结构，为机床的建模提供基础。

2) 建立机床各部分几何模型

机床组件树构建完成后，就可以向各部分添加相应的三维模型并根据依附关系进行装配，进而生成整个机床的三维立体模型。这里所建立的机床模型只是将加工机床各部分分别进行简化建模，可以反映出其相应的结构特征。机床的建模方法有两种：一种是利用 VERICUT 自带的模型定义模块对机床进行建模；另一种是通过外部 CAD 软件然后导入 VERICUT 中实现机床模型的建立。因为加工机床结构比较复杂，所以本书采用第二种建模方法，机床的各个部分都分别在 UG 中建模，完成后再导入 VERICUT 且进行装配。通过变换命令对机床各部件进行准确定位和转配，完成机床几何模型。其主要几何参数与 VDL-1000E 机床一致，建立完成的机床模型和完整的组件树如图 7-43 和图 7-44 所示。

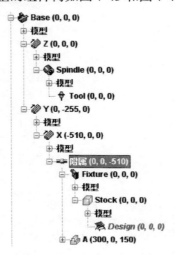

图 7-42　四坐标数控机床组件树

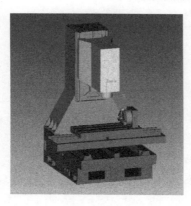

图 7-43　建立完成的机床模型

图 7-44　完整的机床组件树

机床模型建立完成后，不能直接导入零件和刀具进行加工，必须要对机床进行相应的初始化设置，包括机床的碰撞干涉检查设置、机床各方向上行程的设置以及机床初始化的设置。设置完成之后，需要添加机床系统控制文件，根据加工机床的控制系统，这里选择与其相类似的"fan15im.ctl"控制系统文件，使仿真更加贴近实际。

3. 机床刀具库的建立

在 VERICUT 自带的刀具模块中，能够创建出加工时使用的刀具库，所建立的刀具模型主要包括刀具的切削部分、刀杆以及刀具夹持部分等。本书根据零件的加工要求所创建的刀具库共包含六把典型刀具，即一把圆角铣刀、一把快进给刀、一把插铣刀和三把球头铣刀。建立好的刀具如图 7-45 所示。

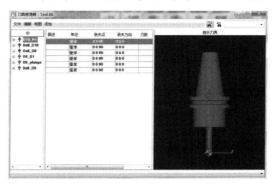

图 7-45 刀具管理器

4. 仿真加工

(1) 调出机床和刀具库。打开 VERICUT，通过系统菜单可将已经建立好的机床和刀具库导入进来；也可以直接打开已经保存好的带机床和刀具库的系统文件。

(2) 夹具的建模。为了使所建立的仿真能够更加贴近实际加工，应添加零件加工过程中需要的夹具。夹具模型与实际加工相同，建模过程同机床建模过程类似。

(3) 导入零件毛坯。将零件毛坯导入 VERICUT，装夹在夹具上，并与其准确定位。将零件导入机床后，要想避免仿真加工过程中出现错误情况，需要确定毛坯与机床、刀具准确的相对位置，根据编程时所设定的零件原点将毛坯放置到正确的位置。安装完成夹具及工件后的整体机床装配如图 7-46 所示。

(4) 调入数控程序。整体加工模型建立完成后，还需要将编程所得的数控程序导入 VERICUT 中，通过"数控程序"对话框可以对所需要的数控程序进行导入、选取等管理，如图 7-47 所示。用户可以调入多个零件加工所需要的数控程序，然后选择当前安装工位能够加载运行的程序，进行零件的模拟仿真加工。

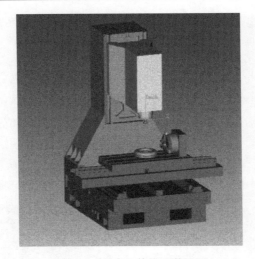

图 7-46　机床整体模型装配图

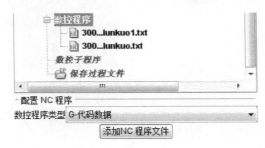

图 7-47　"数控程序"对话框

(5) 设置 G 代码。对系统进行 G 代码的设置相对复杂，主要包括两个方面：①编程方法的设置；②工件坐标系的偏移设置。这些设置都需要根据工件实际加工特点进行设置。按照加工的要求，根据不同工序的设定，设置相应的参数，完成以上各方面的设置。

通过以上过程将完成仿真加工前的设定，接下来进行机床复位，整个系统就进入待加工状态。机床处于待加工状态后，可通过软件系统右下角的开始按钮进行加工仿真操作，还可以通过暂停或者停止等按钮观察仿真各时刻的加工情况。

图 7-48 和图 7-49 为利用软件建立水斗轮廓和成型仿真加工过程中的某一时刻。由图可以看到，软件仿真加工过程中可显示不同的切削过程视图，通过视图可以观察零件的切削过程和加工中是否出现干涉与碰撞等问题，充分体现了VERICUT 在仿真加工界面显示上的优越性，既能表现零件的加工细节，又能观察仿真过程的整体效果。

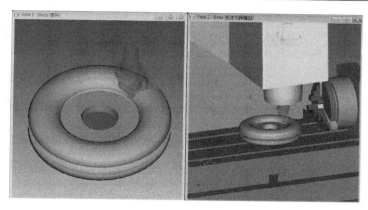

图 7-48　转轮水斗轮廓仿真加工界面

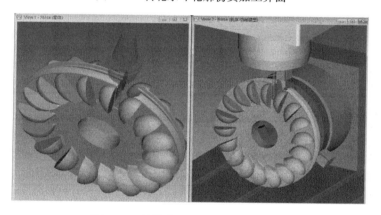

图 7-49　转轮水斗成型仿真加工界面

在仿真过程中如果出现过切、撞刀、干涉、超程等错误，VERICUT 中不仅会在仿真加工图像中直接将问题部位以红色标注出来，还会在左下角弹出提示信息，信息中包括出现的问题情况及对应的具体程序段，并将这些错误输入到日志文件中。仿真完成后，软件中将自动生成日志文件。此日志文件中会显示仿真加工中的一系列问题以及其他相关信息(刀轨信息、仿真时间等)以备用户日后进行参考和修正。

通过对数控程序进行多次仿真检测与修改后，没有观察到零件加工过程中出现干涉、过切等现象，零件加工完毕生成的日志文件如图 7-50 所示。由日志文件可看出，加工过程不再存在错误，模型加工达到了零件设计要求的精度，加工完成后的工件如图 7-51 所示。

图 7-50　信息报告 log 文件　　　　　　　　图 7-51　仿真完成后的水斗

5. 刀具轨迹的优化

VERICUT 中刀具轨迹优化的实质并不改变原有数控程序中的走刀路线，而是通过重新计算整个仿真过程中的主轴转速或进给率生成优化的刀轨文件。但是 VERICUT 中的优化可以使刀轨路线具有最佳的主轴转速以及进给率，可以提高零件的加工效率，在保证零件高质量的情况下以最短的时间完成加工。

VERICUT 优化库是建立在刀具库上的，优化刀具轨迹必须要建立优化刀具轨迹库文件，优化刀具轨迹库中包含仿真过程中所有的优化记录。优化记录中描述了如何将对应的每把刀具根据不同的切削材料、切削条件等因素，优化刀具轨迹的进给率及主轴转速，最后生成最优化数控加工程序。优化刀具轨迹库的创建是运用刀轨优化管理器系统完成的，如图 7-52 所示。首先选择所要优化的刀具，然后在其中创建出加工材料、刀具特性等数据记录，并且设置、调整优化参数。

图 7-52　优化刀具轨迹库的建立

VERICUT 中提供了很多刀具轨迹的优化方法，根据实际加工的特性选择相应的优化方式，并且调整其参数。针对加工刀具，也可以根据零件和刀具的材料特征，选择合适的切削参数。在对优化参数进行调整过程中，用户可以根据自身的实际生产经验来设置，并且可以采用多次仿真选取最优化的加工参数，构建适合实际加工机床和切削刀具的参数库。

优化仿真完成后的记录如图 7-53 所示，对比优化前后各加工参数及仿真过程，可以看出优化后的仿真加工减少了加工时间，提高了零件的加工效率。利用 VERICUT 进行走刀路线优化，可以提高零件材料的切除效率和零件整体的加工效率，降低零件加工所用的时间。

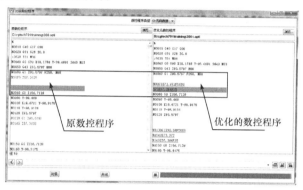

图 7-53 数控程序的对比

7.3.2 转轮水斗试件加工试验

由于转轮水斗尺寸较大，且结构相对复杂，要将整个转轮全部进行加工，需要耗费大量的时间、材料等，而且对加工设备造成很大的消耗。鉴于本节主要研究转轮水斗的加工工艺，无须将整个水斗实体加工出来。因此，根据水斗的特点，将其整体缩小且取其中一部分进行加工试验，如图 7-54 所示，其中包括一个完整的水斗、一个相邻水斗的正面以及一个相邻水斗的背面。

图 7-54 转轮水斗试验加工部分

水斗试件的加工包括车削和铣削两部分，其中毛坯零件由 CA6150 数控车床车削得到。由于毛坯零件轮廓较复杂，加工程序运用 UG 进行编程，生成数控车床可识别的程序代码，导入机床进行加工，加工完成后的毛坯件如图 7-55 所示。

(a) 毛坯车削过程   (b) 加工完成的毛坯件

图 7-55   车削加工后的毛坯件

水斗毛坯加工完成后，接下来就是水斗的铣削加工，水斗的铣削采用大连 VDL-1000E 四坐标数控铣床。铣削加工分为轮廓加工、成型加工和内表面加工三部分，其中轮廓加工工件相对机床卧式装夹，包括水斗的上下轮廓加工、采用定位销辅助进行精确定位，以及加工完水斗的上侧后将工件翻到下侧的加工。轮廓加工转轮水斗工件过程如图 7-56 所示。

成型加工与内表面加工水斗采用立式装夹，成型加工完成后的工件如图 7-57 所示。

图 7-56   转轮水斗轮廓加工   图 7-57   成型加工完成后的水斗

水斗内表面的加工是最重要也是最复杂的，粗加工采用插铣加工的方法，可高效去除大量余量，但是插铣区域为封闭区域，因此插铣之前应先对加工区域进行钻孔。半精加工与精加工用球头刀进行加工，由于区域比较狭窄，加工过程中需要转换水斗的加工角度，方可将水斗整体加工出来，插铣加工后的水斗内表面及精加工完成后的水斗内表面如图 7-58 和图 7-59 所示。

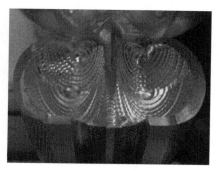

图 7-58　插铣加工后的水斗内表面

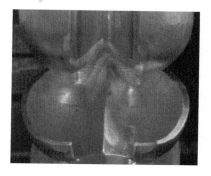

图 7-59　精加工完成后的水斗内表面

完成数控加工后的水斗零件如图 7-60 所示，验证了所设计水斗加工工艺和刀具轨迹的可行性。

图 7-60　加工完成后的水斗零件

7.4　本 章 小 结

本章主要介绍了转轮水斗的结构特点及建模难点，通过 UG 对转轮水斗进行整体三维建模。通过综合分析规划出其整体数控加工工艺。

(1) 介绍了曲线曲面造型基本原理，其中包括 B 样条和非均匀有理 B 样条的一些相关知识。以转轮水斗的二维零件图为基础，对转轮实体进行测量计算，得出水斗建模所需要的截面型线数据点。

(2) 针对水斗型面精确性的要求，以型线数据点为基础，采用 UG 对转轮水斗进行三维实体建模，建模过程中需要不断检验数据点的准确性且对其进行修改。

　　(3) 根据转轮水斗加工中多约束狭窄空间干涉等问题，提出对其进行整体四坐标数控加工的有效加工方法。对水斗加工区域进行分析，将水斗加工区域分为轮廓加工、成型加工和内表面加工。

　　(4) 根据转轮水斗材质特点，确定选用刀具的类型及结构参数，并且选择合理的铣削方式和铣削参数，最终规划出高效合理的转轮水斗整体四坐标数控加工工艺方案。通过 UG 的功能模块对生成的走刀路线进行后置处理，生成机床可识别的高效无干涉数控程序，以用于转轮水斗的试验加工。

第8章 转轮水斗内表面插铣刀路轨迹规划

目前,针对插铣狭窄闭式型腔刀路轨迹规划的研究还比较少,缺乏理论指导。本章以转轮水斗内表面粗加工插铣工艺为研究对象,对插铣狭窄闭式型腔进行理论研究。由于本书主要研究水斗内表面加工工序的插铣加工部分,在转轮水斗前期加工工序和内表面加工工序精加工阶段只进行简单叙述,并给出 UG 自动编程刀路轨迹和仿真;在内表面插铣加工工序,通过数控编程加工出内表面来分析插铣加工后转轮水斗内表面形状特征。

8.1 转轮水斗内表面粗加工分析

水斗加工前三个工序都可以采用常规加工工艺完成,内表面加工工序由于工件进刀空间狭窄、易碰撞、加工极其困难,是转轮水斗加工中难度最大的工序。插铣刀具刀杆可以允许较大的长径比,所以可以满足狭窄空间进刀的要求。另外,插铣刀具依靠其底刃切削,加工振动比其他铣削方式小,加工较为稳定。目前插铣是切除量大且允许较大长径比的切削方式,所以插铣法是进行转轮水斗内表面粗加工的最佳方案之一。

通过建立最小插铣加工时间优化目标函数以及各种约束条件的方法,优化插铣加工的切削用量,即切削速度、每齿进给量、径向切削深度,提高插铣加工切削效率。首先需要建立插铣加工时间。在各种数控加工仿真软件中,计算加工时间都是不准确的,有些仿真软件计算的加工时间与实际加工时间往往相差很大,因为这些仿真软件都没有考虑到机床的加减速过程对仿真时间估计的影响。本章把插铣加工过程分为 N_p 个插铣单元,每个插铣单元又可分为插铣阶段、退刀阶段和径向平移阶段,其中 N_p 为插铣次数;通过研究机床进给加减速控制法,建立精确的插铣加工各加工阶段的加工时间,所建立的插铣加工时间模型可以用来衡量插铣加工效率的指标;以建立的加工时间模型为目标函数,并建立一系列约束条件,求得最优的切削参数。

8.1.1 三轴代替五轴数控机床加工

转轮水斗存在较多复杂曲面,而且加工过程中极易干涉,所以在国外冲击式水轮机转轮水斗一般采用五轴数控机床进行加工。但是由于转轮水斗直径较大，国内没有符合加工条件的五轴数控机床，而且对于大型五轴数控机床国外企业都对我国进行禁运。考虑到上述情况及我国三轴数控设备较多，研究直接使用普通转台的三轴数控机床来加工转轮水斗具有重要意义。

　　加工机床选择卧式三轴加工中心，附带一个数控转台。图 8-1 为三轴数控机床加工转轮水斗内表面插铣原理图。通过调整刀轴与水斗正面的角度φ，确定插铣切削区域，加工完一个工位后，刀具退刀至安全平面，数控转台旋转一个角度，加工完剩余材料余量，在加工过程中数控转台不与机床联动，这样利用三轴数控机床可以实现五轴数控机床加工的效果。通过数控转台转换加工工位可以去除大部分转轮水斗内表面材料，实现了一次装夹多次加工，减少了加工准备时间和数控加工程序复杂程度。通常加工一个单片水斗需要旋转多次数控转台，旋转数控转台的次数根据工件的狭窄程度选择，通常工件越狭窄，需要旋转数控转台的次数就越多。如图 8-1 所示，黑色区域为插铣加工阶段未去除加工材料，这些材料需要在半精加工和精加工工序去除干净，在半精加工和精加工阶段，因为要去除插铣加工未去除的材料，所以数控转台要旋转更多次才能完全去除加工材料。

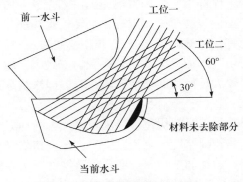

图 8-1　插铣内表面原理图

8.1.2　预钻孔

　　由于插铣刀具底部中心没有切削刃，对于加工水斗内表面这样的闭式型腔，一般在进行插铣之前需要预钻孔。预钻孔的选择应该方便加工，不易干涉，钻孔数尽可能少。在型腔底面不同区域存在插铣深度极大值，所以插铣加工之前必须在每个插铣深度位置钻孔。这是由于插铣刀具中心无切削刃，如果没有预钻孔，插铣刀具底部中心会发生撞刀。

　　图 8-2(a)中，在 A 点位置钻孔即可加工出完整型腔。而图 8-2(b)中，在两个区域内存在插铣深度极值点，则必须在 B 点和 C 点分别钻孔才能完整加工出型腔。

由于内表面工序需要通过数控转台旋转两个角度，又因为每个水斗有两个斗瓣，所以存在四个插铣深度极大值，即需要在两个斗瓣钻四个预钻孔。

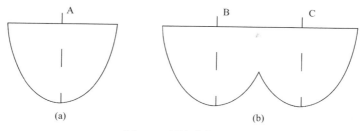

图 8-2　预钻孔位置图

8.1.3　刀路轨迹规划策略

转轮水斗内表面插铣采用分层加工方式，同一层的轴向插铣深度相同，插铣加工完成一个切削层之后再加工下一个切削层，初始加工时，选择距离预钻孔位置最近的切削层为插铣第一层，然后依次加工。加工每一切削层采用插铣径向等残留高度法规划刀路轨迹，插铣步距大则残留高度大，残留高度过大会导致下一次插铣加工切削厚度增大，使切削力增大；残留高度选择较小，会导致插铣次数过多，加工效率较低，但是加工过程比较平稳，残留高度值需要用户根据实际情况选取。

图 8-3 为内表面插铣分层原理图，图中心为预钻孔，轮廓线为创建平面与转轮水斗内表面相交线，图 8-3(a)中标号 1～5 为 5 个切削层。切削层设置得越多，加工之后水斗内表面残余体积越少；切削层越少，材料去除越少，加工之后表面阶梯状越明显。

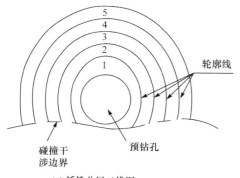

(a) 插铣分层二维图

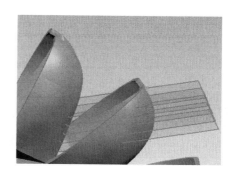

(b) 平面与内表面求交

图 8-3　内表面插铣分层原理图

插铣型腔径向等残留高度法的基本思想是：在待加工材料边界上(边界可以是

曲线也可以是直线)首先插铣一刀,下一刀行距根据上一刀位置计算,保持相邻两刀产生的残留高度为给定值,插铣径向残留高度过高将导致下一层切削加工时径向切削深度增大,从而导致切削力增大,易引起刀具系统振动。插铣型腔径向等残留高度法减少了多余的加工过程,比其他刀具路径规划具有更高的加工效率,并获得较好的加工质量。插铣型腔径向等残留高度法不同于球头铣刀等铣刀的等残留高度法,插铣型腔径向等残留高度法的目的是防止因上层切削产生的残留材料过大而影响当前层插铣的切削深度,产生较大切削力会引起加工系统产生剧烈颤振。图 8-4 为残留高度对插铣切削深度的影响。

1. 直线边界插铣步距计算

插铣直线边界时的残留高度示意图如图 8-5 所示,其中 h 为残留高度,R 为插铣刀具半径,S 为插铣加工步距。

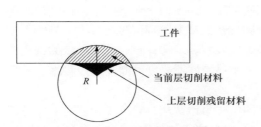

图 8-4　径向残留高度对当前层插铣的影响

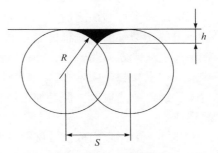

图 8-5　直线轮廓步距计算

插铣残留高度 h 和步距 S 之间的关系为

$$S = 2\sqrt{R^2 - (R-h)^2} = 2\sqrt{2Rh - h^2} \tag{8-1}$$

2. 凸曲线边界插铣步距计算

为了求得凸曲线边界的插铣加工残留高度,建立如图 8-6 所示的局部坐标系,其中 r 为曲线曲率半径,R 为插铣刀具半径,h 为残留高度,S 为插铣加工步距。

插铣刀具的轮廓方程为

$$(x - q\cos\theta)^2 + (y - q\sin\theta)^2 = R^2 \tag{8-2}$$

其中

$$\cos\theta = \sqrt{1 - \left(\frac{S}{2r}\right)^2}, \quad \sin\theta = \frac{L}{2r}, \quad q = R + r$$

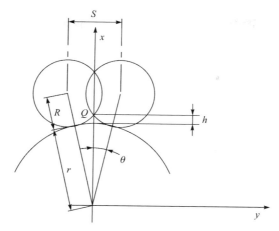

图 8-6　凸曲线轮廓步距离计算

为了求得 Q 点坐标，需要求解下列方程组：

$$\left(x - q\sqrt{1 - \left(\frac{S}{2r}\right)^2} \right)^2 + \left(y - \frac{qS}{2r} \right)^2 = R^2$$

$$y = 0 \tag{8-3}$$

求得 Q 点的 x 轴坐标为

$$x_Q = q\sqrt{1 - \left(\frac{S}{2r}\right)^2} - \sqrt{R^2 - \left(\frac{qS}{2r}\right)^2} \tag{8-4}$$

可以求得插铣加工残留高度为

$$h = x_Q - r = q\sqrt{1 - \left(\frac{S}{2r}\right)^2} - \sqrt{R^2 - \left(\frac{qS}{2r}\right)^2} - r \tag{8-5}$$

经过简化之后，插铣加工步距和残留高度的关系可以近似表示为

$$L \approx \sqrt{\frac{8hrR}{R + r}} \tag{8-6}$$

3. 凹曲线边界插铣步距计算

对于凹曲线边界插铣加工的残留高度如图 8-7 所示，用与凸曲线边界类似的方法，可求得插铣加工步距和残留高度的关系为

$$L \approx \sqrt{\frac{8hRr}{r - R}}$$

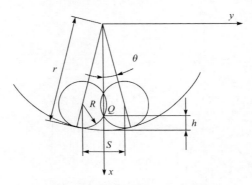

图 8-7　凹曲线轮廓步距计算

加工区域刀具运动策略流程如图 8-8 所示。

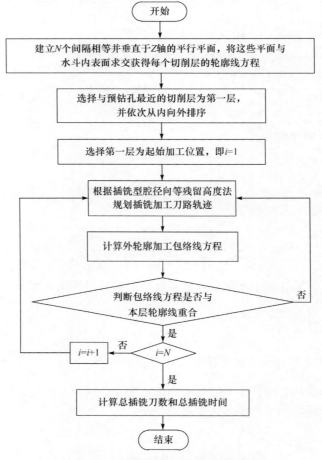

图 8-8　加工区域刀具运动策略流程

8.1.4　转轮水斗内表面数控插铣编程及仿真

进入 UG 加工模块，创建毛坯、刀具，选择机床坐标系后，创建加工工序。加工工序根据水斗内表面形状选择型腔工序，然后选择加工区域，如图 8-9 所示。选择刀轴方向，第一工位刀轴与水斗正面成 60°，然后进行刀轨设置。

(a) 加工区域

(b) φ=60°走刀路线

(c) φ=60°动态切削仿真

(d) φ=30°走刀路线

(e) φ=30°动态切削仿真

图 8-9　水斗内表面粗加工走刀路线及仿真

(1) 切削模式选择。UG 中切削模式主要有跟随部件、跟随周边、轮廓加工、摆线、单向、单向轮廓。跟随部件方式是根据整个部件中的几何体生成并偏移导轨，它可以根据部件的外轮廓生成导轨，也可以根据岛屿和型腔的外围生成导轨。跟随周边方式是通过偏移工件切削区域轮廓生成一系列同心刀轨。轮廓加工方式用于加工零件侧壁或外形轮廓，主要用于半精加工和精加工。摆线方式是以摆线状规划刀轨，比较适合加工狭窄区域和岛屿。单向方式是刀轨始终沿一个方向顺铣或逆铣，常用于岛屿的精加工。单向轮廓方式与轮廓加工方式相似，切削方法比较平稳，对刀具冲击很小。

(2) 向前步长。向前步长是指刀具从一次插铣到下一次插铣时径向移动的距离，可以设定为刀具直径的百分比，也可以是指定的长度值。向前步长必须小于设定的最大径向切削深度值，必要时，系统会减小应用的向前步长，以使其在最大径向切削深度值以内。

(3) 单向步长。单向步长用来指定刀具从一次插铣到下一次插铣时向前移动的步长，必须要小于最大切削宽度值。其中，单步向上是指切削层之间的最小距离，用来控制插铣层的数目。点是用来设定切削区域的起始加工点或预钻孔位置点。

根据水斗形状及加工特点，选择切削模式为跟随周边方式，步距选择为刀具直径的 20%，向前步长和单向步长选择为刀具直径的 20%。最大切削宽度选择为刀具直径的 35%。图 8-10 为转轮水斗内表面加工的刀路轨迹和动态仿真。上述完成的数控加工刀路轨迹还不能导入机床直接使用，需要经过后置处理转化成为 G 代码才能被机床识别。转轮水斗结构复杂，加工区域划分烦琐，相应的刀具轨迹也非常复杂，生成程序时应注意数控编程时的坐标系须与实际加工机床完全相同。

(a) 第二工位分层数为10　　　　　　　　　　(b) 第二工位分层数为30

图 8-10　插铣加工完成的内表面

加工完成后的内表面呈阶梯状，如图 8-10 所示。经过插铣加工后的转轮水斗内表面还需要用球头刀进行半精加工和精加工，但应用球头刀进行半精加工和精加工费用较高且效率非常低，因此在插铣粗加工时应尽可能多地去除材料。插铣内表面分层越多则插铣后阶梯面积越小，但是分层过多会导致大量插铣空走刀，不能完全发挥插铣高效切削的优点。由图 8-10(a)可见，第二工位分层数为 10 时，加工后转轮水斗内表面阶梯状较为严重，留给半精加工和精加工的余量较大；如图 8-10(b)所示，第二工位分层数为 30 时，相比于图 8-10(a)，内表面阶梯状不明显，但是由于分层增多，加工时间大幅增加。

8.2　插铣加工时间计算及切削参数优化

8.2.1　直线型加减速控制法和 S 型加减速控制法

直线型加减速控制法由于加速度不连续，速度曲线不平滑，容易引起振动，这对于机械加工是不利的，所以现代数控机床在机床切削进给时一般不使用直线型加减速控制法，而使用 S 型加减速控制法。S 型加减速控制法由于加速度连续，速度变化光滑，对工件冲击较小，所以得到广泛应用。在本书的时间优化目标函数中，插铣时间采用 S 型加减速控制法计算退刀阶段，而径向平移阶段使用直线型加减速控制法计算，这样完全符合机床运动规律，精确地建立了优化目标函数。

1. 直线型加减速控制法

直线型加减速的速度曲线如图 8-11 所示。其运动过程是：加速时，以最大加速度做加速运动，当速度达到指定速度时开始匀速运动；减速时，以最大减速度做减速运动到指定位置停下来，其中 $V(t)$ 是速度，$A(t)$ 是加速度，$J(t)$ 是加加速度。

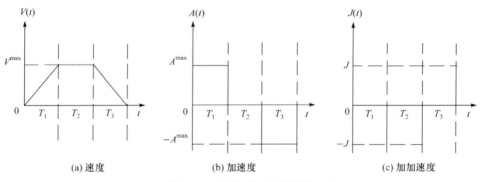

(a) 速度　　　　　　　(b) 加速度　　　　　　　(c) 加加速度

图 8-11　直线型加减速曲线

(1) 加速阶段：

$$\begin{cases} A^{\max} = \dfrac{V^{\max}}{T_1} \\[2mm] V(t) = \dfrac{V^{\max}}{T_1} t \end{cases} \tag{8-7}$$

(2) 匀速阶段：

$$\begin{cases} A(t) = 0 \\ V(t) = V^{\max} \end{cases}$$ (8-8)

(3) 减速阶段：

$$\begin{cases} A(t) = -\dfrac{V^{\max}}{T_3} \\ V(t) = V^{\max}\left(1 - \dfrac{t}{T_3}\right) \end{cases}$$ (8-9)

2. S 型加减速控制法

　　S 型加减速控制法是在加减速阶段，加速度或减速度线性地增加或减少，使速度曲线形状呈 S 型而得名。如图 8-12 所示，加速阶段和减速阶段对称，机床首先线性增加加速度到达速度 V_1，然后以最大加速度 $A^{\max}$ 等加速到速度 V_2，最后机床线性减少加速度到达速度 V_f。

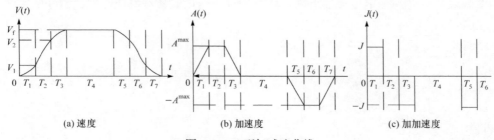

图 8-12　S 型加减速曲线

　　(1) 加加速度阶段：速度呈二次曲线变化，此阶段末加速度为 $A^{\max}$，运动时间为 T_1，末速度为 V_1。

$$\begin{cases} A(t) = Jt \\ V(t) = \dfrac{Jt^2}{2} \\ S(t) = \dfrac{Jt^3}{6} \\ V_1 = \dfrac{(A^{\max})^2}{2J} \end{cases}$$ (8-10)

　　(2) 匀加速度阶段：此阶段加速度为 $A^{\max}$，运动时间为 T_2，末速度为 V_2。

$$
\begin{cases}
A(t) = A^{\max} \\
V(t) = V_1 + A^{\max} t \\
S(t) = S_1 + V_1 t + \dfrac{A^{\max} t^2}{2} \\
V_2 = \dfrac{(A^{\max})^2}{2J} + A^{\max} \left(\dfrac{V_f}{A^{\max}} - \dfrac{A^{\max}}{J} \right)
\end{cases}
\tag{8-11}
$$

(3) 减加速度阶段：此阶段末加速度为 0，运动时间为 T_3。

$$
\begin{cases}
A(t) = A^{\max} - Jt \\
V(t) = V_2 + A^{\max} t - \dfrac{Jt^2}{2} \\
S(t) = S_2 + V_2 t + \dfrac{A^{\max} t^2}{2} - \dfrac{Jt^3}{6}
\end{cases}
\tag{8-12}
$$

8.2.2　插铣加工时间

本章把插铣过程分成 N_p 个插铣单元，每个插铣单元又细分成插铣阶段、退刀阶段和径向平移阶段。总的插铣时间等于每个插铣单元的插铣时间的累加。图 8-13 为插铣单元的三个阶段，其中插铣阶段为机床进给切削阶段，退刀阶段和径向平移阶段属于机床快进给阶段。

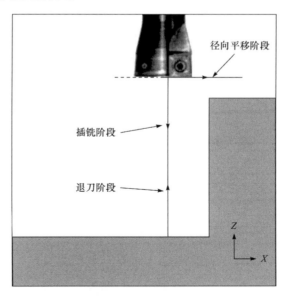

图 8-13　插铣过程示意图

1. 插铣阶段时间

插铣加工主要用于深度较大的型腔和槽，所以一般来说插铣深度都足够长。经过机床加速运动，切削进给速度都能达到设定的插铣轴向进给速度 V_f。V_f 可以用刀具直径、每齿进给量、主轴转速、刀齿数量表示，即

$$V_f = \frac{10^3 V_c f_z Z}{\pi D} \tag{8-13}$$

把插铣阶段时间分成两种情况进行描述：一是进给速度 V_f 设置得足够大，加速度能达到机床具有的最大加速度 A^M，这种情况适合加工较容易切削的材料；二是进给速度设置得很小，机床加速度还未达到机床具有的最大加速度 A^M 就已经达到设定进给速度，这种情况多用于加工难加工材料，为降低切削力，所以把进给速度设得很小。

若 $A^{max} = A^M$，即设定的机床进给速度 $V_f \geqslant \dfrac{(A^M)^2}{2J}$，有

$$t_p = 2(T_1 + T_2 + T_3) + \frac{1}{V_f}(L_p - 2S) \tag{8-14}$$

式中，L_p 为插铣深度；

$$T_1 = \frac{A^M}{J}, \quad T_2 = \frac{V_f}{A^M} - \frac{A^M}{J}, \quad T_3 = \frac{A^M}{J}$$

$$S = \frac{1}{6}JT_1^3 + V_1 T_2 + \frac{1}{2}A^M T_2^2 + V_2 T_3 + \frac{1}{2}A^M T_3^2 - \frac{1}{6}JT_3^3$$

若 $A^{max} < A^M$，即设定的机床进给速度 $V_f < \dfrac{(A^M)^2}{2J}$，有

$$t_p = 2(T_1 + T_2 + T_3) + \frac{1}{V_f}(L_p - 2S) \tag{8-15}$$

式中

$$T_1 = \frac{A^{max}}{J}, \quad T_2 = \frac{V_f}{A^{max}} - \frac{A^{max}}{J}, \quad T_3 = \frac{A^{max}}{J}, \quad A^{max} = \sqrt{2JV_f}$$

$$S = \frac{1}{6}JT_1^3 + V_1 T_2 + \frac{1}{2}A^{max} T_2^2 + V_2 T_3 + \frac{1}{2}A^{max} T_3^2 - \frac{1}{6}JT_3^3$$

2. 插铣退刀时间

考虑到在大多数机床上，机床最大快速进给速度 V_R^M 非常大，一般情况下，机床进给速度都达不到。由于此阶段不进行切削，所以无须考虑机床速度突变对加工造成的影响。此阶段机床加减速控制法为直线型加速，即

$$t_r = 2\sqrt{\frac{L_r}{A^M}} \qquad\qquad (8\text{-}16)$$

式中，L_r 为插铣上升距离。

3. 径向平移时间

在径向平移过程中，机床使用直线型加速度控制法，和上步一样，在径向平移过程中速度也达不到机床最大快速进给速度，所以有

$$t_o(N_p) = 2\sqrt{\frac{a_e}{A^M}} = 2\sqrt{\frac{L}{N_p A^M}} \qquad\qquad (8\text{-}17)$$

8.2.3　插铣切削参数优化

如何优化切削参数是提高插铣加工效率的关键，在实际生产中，由于缺乏充分的理论知识指导，选择的切削参数往往过于保守，优化切削参数对于转轮水斗内表面提高加工效率至关重要。本节以最大材料去除率为目标，建立一系列约束条件优化插铣加工切削参数。

1. 目标函数

本节将以 8.2.2 节介绍的插铣加工时间作为目标函数，以总径向切削深度 L 代表切削长度，总径向切削深度分 N 次加工完成，每次插铣的径向切削深度相等，其值为 L/N。插铣切削参数优化的优化变量为切削速度、每齿进给量和加工刀数，目标函数可表示为

$$T = N(t_p + t_r + t_o) \qquad\qquad (8\text{-}18)$$

2. 约束条件

(1) 切削力约束。切削工艺系统由机床、刀具、夹具等组成，金属切削过程中所产生的切削力不能超过机床工艺系统的许用值，切削力超过许用值会引起工件产生变形，破坏加工质量，严重的有可能使刀具失效，甚至损坏机床。切削力的约束条件可表示为

$$F \leqslant F^{max}$$

式中，F 为瞬时切削力，在第 3 章中已经给出。

(2) 切削速度约束。切削速度对加工稳定性影响很大，所以切削速度约束除了考虑机床本身调速范围，还要考虑不发生颤振的切削速度范围以及加工稳定性问题。切削速度约束可以参考稳定性预测叶瓣图给出。

$$V_c \leqslant V_c^{max}$$

(3) 每齿进给量约束。每齿进给量需要满足机床的最大、最小进给速度要求，其约束条件为

$$f_z^{min} \leqslant f_z \leqslant f_z^{max}$$

(4) 机床进给加速度约束。机床进给加速度要满足机床的最大、最小加速度的要求，其约束条件为

$$A^{min} \leqslant A \leqslant A^{max}$$

(5) 切削功率约束。主轴上的瞬时切削功率 P，必须小于机床所能达到的功率，瞬时切削功率通常用瞬时切向力和切削速度的积求出，即

$$F_t V_c \leqslant P^{max}$$

(6) 刀具耐用度约束。增大切削参数可以提高插铣加工效率，但是切削力和切削温度也会随之增加，导致刀具寿命下降，所以必须要建立刀具寿命约束条件。刀具耐用度应大于刀具最小耐用度，即

$$T > T^{min}$$

3. 优化算法求解

遗传算法是一种借鉴生物界自然选择和遗传机制的随机搜索算法，是将适者生存规则与染色体交叉互换相结合可以在大量数据中搜索最佳结果的算法。遗传算法适合用于解决非线性规划模型，且具有较强的全局性搜索能力，而且对目标函数的凸(凹)性、连续性、线性没有要求。因此，本节使用遗传算法对切削参数进行优化。图 8-14 为遗传算法计算流程图；优化参数如表 8-1 所示，优化结果为标准法与 GA-SOP 算法的对比，如表 8-2 所示。

根据前面建立的目标函数和约束条件，切削参数优化问题归结为简化成如下形式：

$$\min \quad t(V_c, f_z, N_p)$$
$$s.t. \quad g(V_c, f_z, N_p) \leqslant 0$$

式中，$t(V_c, f_z, N_p)$ 为目标函数；$g(V_c, f_z, N_p)$ 为约束条件。

根据上述切削参数优化算法，输入表 8-1 中所给的约束条件和参数，插铣总径向切削深度为 10mm，插铣轴向深度为 20mm，得到的结果如表 8-2 所示。对比算法采用 Cafieri 介绍的工业标准插铣切削参数选择方法，切削参数(切削速度、每齿进给量、径向切削深度)在约束条件范围内尽可能选择大值，三个切削参数需要反复试验选择最佳切削参数。选择顺序为：首先选择允许的最大径向切削深度，

然后根据切削力约束条件选择每齿进给量，最后根据其他一些约束条件选择切削速度。两种插铣切削参数选择方法计算结果如表 8-2 所示，加工时间采用 8.1 节介绍的插铣加工时间模型求出，可见通过遗传算法计算出的切削参数加工效率较高，加工效率提高了 25%。

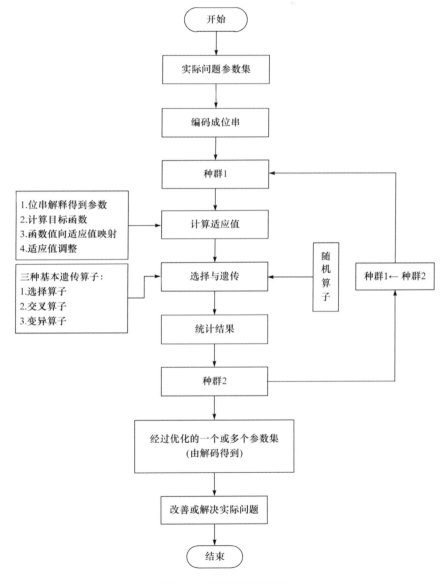

图 8-14　遗传算法流程图

表 8-1　输入数据

参数	L_p/mm	L/mm	A^{max}/(m/s²)	J^{max}/(m/s³)	f_z^{min}/(mm/z)	f_z^{max}/(mm/z)	a_e^{min}/mm
数值	20	10	6	40	0.05	0.3	0.5

参数	a_e^{max}/mm	F^{max}/N	P^{max}/kW	n^{min}/(r/min)	n^{max}/(r/min)	T/min	D/mm
数值	1.2	500	11	500	2450	30	20

表 8-2　优化结果

算法名称	切削速度/(m/min)	径向切削深度/mm	插铣次数	每齿进给量/(mm/z)	加工时间/s
标准法	153	1.20	9	0.11	20.7
GA-SQP 算法	153	0.84	12	0.20	15.8

8.3　本 章 小 结

刀路轨迹规划是提高转轮水斗内表面加工效率的有效途径，合理的刀路轨迹规划可以减少走刀次数，提高加工效率。优化切削参数可提高转轮水斗内表面加工效率。

(1) 以转轮水斗内表面粗加工为例，深入研究了插铣狭窄闭式型腔理论方法，研究了插铣分层原理，考虑到前一切削层的径向残留高度会影响当前层插铣的径向切削深度而引起切削力增大，进而导致剧烈振动；将球头刀等残留高度法应用到插铣法中，在保证插铣切削稳定的前提下，减少了刀具走刀次数，提高了切削效率，并制定了转轮水斗内表面粗加工插铣刀路轨迹运动策略。

(2) 通过 UG 数控加工模块对转轮水斗内表面进行计算机仿真加工，分析加工结果发现插铣分层越多，粗加工插铣径向残留材料越少，但粗加工插铣时间增长。

(3) 介绍了机床直线型加减速控制方式和 S 型加减速控制方式，然后把插铣加工细分成 N 个插铣单元，把每个插铣单元又分成插铣阶段、插铣退刀阶段、径向平移阶段，按实际机床加减速控制方式，精确计算了每个加工阶段的加工时间，此计算方法可以为判断插铣工艺是否高效提供衡量指标。

(4) 以最小插铣加工过程时间为目标函数，建立了一系列约束条件，应用遗传算法对插铣加工切削参数进行优化。通过与工业标准插铣切削参数选择方法对比，可知遗传算法优化的切削参数加工效率可提高 25%。

参 考 文 献

丁汉, 丁烨, 朱利民. 2012. 铣削过程稳定性分析的时域法研究进展. 科学通报, 31: 2922-2932

高海宁. 2016. 插铣过程中考虑偏心效应的稳定性研究. 哈尔滨: 哈尔滨理工大学硕士学位论文

韩雄, 刘强. 2010. PH13-8Mo 插铣铣削力建模与分析. 航空制造技术, (5): 64-66, 72

贾昊. 2011. 钛合金插铣过程动力学及稳定性分析. 天津: 天津大学硕士学位论文

康学洋. 2016. Cr13 不锈钢插铣加工过程颤振稳定性研究. 哈尔滨: 哈尔滨理工大学硕士学位论文

李淞, 陈五一, 陈彩虹. 2010. 整体叶轮插铣粗加工算法. 计算机集成制造系统, 16(8): 1696-1701

刘璨, 吴敬权, 李广慧, 等. 2013. 基于单刃铣削力峰值的铣刀偏心辨识. 机械工程学报, 49(1): 185-190

马殿林. 2016. 插铣刀参数化设计及切削参数优化. 哈尔滨: 哈尔滨理工大学硕士学位论文

秦旭达. 2011. 插铣技术的研究现状. 航空制造技术, (5): 40-42

任学军, 张定华, 王增强. 2004. 整体叶盘数控加工技术研究. 航空学报, 25(2): 205-208

任军学, 刘博, 姚倡锋, 等. 2010. TC11 钛合金插铣工艺切削参数选择方法研究. 机械科学与技术, 29(5): 634-641

宋盛罡. 2013. 薄板件铣削过程颤振稳定域预测及试验研究. 哈尔滨: 哈尔滨理工大学硕士学位论文

宋宏李. 2016. 大长径比插铣刀具及刀柄研究与设计. 哈尔滨: 哈尔滨理工大学硕士学位论文

宋清华, 艾兴, 万熠, 等. 2008. 考虑刀具偏心的变径向切深铣削稳定性研究. 振动、测试与诊断, 28(3): 206-210

王宝涛. 2016. 狭长勺型类结构件数控加工刀具路径规划研究. 哈尔滨: 哈尔滨理工大学硕士学位论文

王波. 2015. 冲击式水轮机转轮机转轮设计与制造技术. 哈尔滨: 哈尔滨理工大学博士学位论文

王波, 刘献礼, 刘晶石, 等. 2015. 冲击式水轮机水斗高应力区结构优化及加工. 机械工程学报, 51(21): 148-155

王波, 刘献礼, 翟元盛, 等. 2015. 冲击式水轮机水斗根部的工艺性结构优化研究. 哈尔滨理工大学学报, 20(2): 7-11

王宇, 王宝涛, 许成阳, 等. 2014. 数控加工中插铣技术的研究现状. 航空制造技术, (8): 12-15

王宇, 高海宁, 郑登辉. 2015. 一种可安装多种类型刀片的插铣刀: 中国, CN204800031U

王宇, 曹宝宝, 于状, 等. 2016. 插铣不锈钢 Cr13 的铣削力建模分析. 工具技术, 51(9): 31-36

王宇, 高海宁, 翟元盛, 等. 2016. 插铣过程中稳定域研究现状. 工具技术, 50(9): 3-8

王宇, 高海宁, 翟元盛. 2016. 具有减振性能且主偏角可变的插铣刀: 中国, CN205129045U

吴石, 刘献礼, 王艳鑫. 2012. 基于连续小波变换和多类球支持向量机的颤振预报. 振动、测试与诊断, 32(1): 46-50

吴石, 刘献礼, 肖飞. 2012. 铣削颤振过程中的振动非线性特征试验. 振动、测试与诊断, 32(6): 935-940

吴石, 渠达, 刘献礼, 等. 2013. 铣削过程非线性动力学的研究进展. 哈尔滨理工大学学报, 18(4): 1-6

翟元盛, 张吉军, 胡静姝. 2014. 基于遗传算法工具箱的插铣切削力的预测模型. 工具技术,

48(4): 28-31

翟元盛, 郑登辉, 高海宁. 2015. 一种刀片呈阶梯状排列的插铣刀: 中国, CN201520309544.6

翟元盛, 郑登辉, 王宇. 2016. 一种透平机械数控加工多工序夹具: 中国, CN201620147355.8

翟元盛, 周浩, 郑登辉. 2016. 一种适用于Kistler9257BA测力仪上的夹具: 中国, CN201520902227.5

郑登辉. 2017. 狭长勺型结构件内表面粗加工插铣工艺研究. 哈尔滨: 哈尔滨理工大学硕士学位论文

周宝仓. 2012. 冲击式水轮机转轮水斗整体式数控加工技术研究. 重庆: 重庆理工大学硕士学位论文

Altintas Y, Budak E. 1995. Analytical prediction of stability lobes in milling. CIRP Annals—Manufacturing Technology, 44(1): 357-362

Damir A, Ng E G. 2011. Force prediction and stability analysis of plunge milling of systems with rigid and flexible workpiece. The International Journal of Advanced Manufacturing Technology, 54(9-12): 853-877

Ding Y, Zhu L, Zhang X. et al. 2010. A full-discretization method for prediction of milling stability. International Journal of Machine Tools and Manufacture, 50(5): 502-509

Hartung F, Insperger T, Stepan G, et al. 2006. Approximate stability charts for milling processes using semi-discretization. Applied Mathematics and Computation, 174(1): 51-73

Henninger C, Eberhard P. 2008. Improving the computational efficiency and accuracy of the semi-discretization method for periodic delay-differential equations. European Journal of Mechanics, 27(6): 975-985

Insperger T, Mann B P, Surmann T, et al. 2007. On the chatter frequencies of milling processes with run out. International Journal of Machine Tools and Manufacture, 48(10): 1081-1089

Insperger T, Stepan G, Turi J. 2008. On the higher-order semi-discretizations for periodic delayed systems. Journal of Sound and Vibration, 313(1-2): 334-341

Ko J H, Altintas Y. 2007. Time domain model of plunge milling operation. Machine Tools and Manufacture, 47: 1351-1361

Li Y, Liang S Y, Petrof R C, et al. 2000. Force modelling for cylindrical plunge cutting. The International Journal of Advanced Manufacturing Technology, 16(12): 863-870

Makhanov S S, Ivanenko S A. 2003. Grid generation as applied to optimize cutting operations of the five-axis milling machining. Applied Numerical Mathematics, 46(3-4): 331-351

Rafanelli F, Campatelli G. 2015. Effects of cutting conditions on forces and force coefficients in plunge milling operations. Advances in Mechanical Engineering, 7(6): 1-9

Wakaoka S, Yamane Y, Sekiya K, et al. 2002. High-speed and high-accuracy plunge cutting for vertical walls. Journal of Materials Processing Technology, 127(2): 246-250

Warkentin A, Ismail F, Bedi S. 2000. Multi-point tool positioning strategy for 5-axis machining of sculptured surfaces. Computer Aided Geometric Design, 17(1): 83-100

Zhai Y S, Wang Y, Yan F G, et al. 2014. Three-dimension finite element analysis in plunge milling for stainless steel. Materials Science Forum, 800-801: 348-352

Zhai Y S, Song H L, Hu J S. 2016. Study on plunge milling cutter design with finite element analysis. Materials Science Forum, 836-837: 425-429